一步万里阔

吃草！

沙拉小史

Judith Weinraub

Salad

A GLOBAL HISTORY

[美] 朱迪思·温劳布——著
扈嘉翼——译

中国工人出版社

图书在版编目（CIP）数据

吃草！：沙拉小史 /（美）朱迪思·温劳布著；扈嘉翼译 .—
北京：中国工人出版社，2023.6
书名原文：Salad: A Global History
ISBN 978-7-5008-8058-5

Ⅰ.①吃… Ⅱ.①朱… ②扈… Ⅲ.①饮食－文化史－世界
②沙拉－文化史－世界 Ⅳ.①TS971.201

中国国家版本馆 CIP 数据核字（2023）第 085821 号

著作权合同登记号：图字 01-2023-0470

吃草！：沙拉小史

出 版 人　董　宽
责任编辑　杨　轶
责任校对　张　彦
责任印制　黄　丽
出版发行　中国工人出版社
地　　址　北京市东城区鼓楼外大街 45 号　邮编：100120
网　　址　http://www.wp-china.com
电　　话　（010）62005043（总编室）（010）62005039（印制管理中心）
　　　　　（010）62001780（万川文化项目组）
发行热线　（010）82029051　62383056
经　　销　各地书店
印　　刷　北京盛通印刷股份有限公司
开　　本　880 毫米 ×1230 毫米　1/32
印　　张　6.625
字　　数　90 千字
版　　次　2023 年 7 月第 1 版　2023 年 7 月第 1 次印刷
定　　价　58.00 元

目录

前　言

那一年，我和新任丈夫离开纽约，打算去伦敦住上三年。在此之前，我去过欧洲旅行，但从未真正在美国以外的地方居住过。想到是在一个讲英语的国家，初次开启异国生活，我的担心便减少了很多。英国的礼仪、政治、性别角色，甚至饮食习惯都可能略有不同，这些我是有准备的。（身边的熟人都警告——错误地——英国食物很糟糕。）然而我完全没有预料到此后遇到的诸多文化差异，甚至基本的日常饮食都和我的习惯不一样。

比如说，沙拉和三明治。

我们乘坐的班机降落伦敦时，大多数餐馆都打烊了。没过多久，我们下榻的酒店——临近维多利亚火车站的一家有年头的贵妇人酒店（*grande dame*）——

可怜这两个饥肠辘辘的美国年轻人，说是可以给我们弄两份鸡肉三明治。救命稻草眼看着就来了。但随后端上来的是两片抹着黄油、没有面包皮的薄薄的白面包，夹着像纸一样薄的鸡肉，整个三明治不过半英寸厚。这与我在美国熟食店和餐馆吃的馅料满满的三明治完全不一样！尽管如此，它多少还是有点印象中三明治的影子，沙拉可就不是这回事了。我习惯的沙拉是一大碗有时会放肉条和奶酪的绿色蔬菜，一小罐金枪鱼铺在卷心莴苣上，还有一盘松软干酪和水果，哪怕只是一小盘点缀着胡萝卜条和番茄瓣的绿色蔬菜。

刚走出酒店探店时，我在火车站附近的一家普通档次的餐厅点了一份“鸡肉冷盘沙拉”（“冷盘”这个词和这家餐厅的位置本该让我望而却步的）。这份“鸡肉沙拉”端上来后，我发现里面有一只干巴巴的、名副其实的冷鸡腿，几片蔫蔫的生菜叶，边上还有一瓶我从没见过的黏糊糊的沙拉酱。

我开始担心那些关于英国食物的说法可能是

真的，然而我错了。没过多久我就听说，就在卡纳比街（Carnaby Street）附近，有一家克兰克餐厅（Crank's）每天制作各种式样新奇、美味可口的混合沙拉，那是一家专门经营高档“健康食物”的原创餐厅。当时的卡纳比街是各种新鲜东西云集的地方。作为一名消费者和家庭主厨，我对市面上优质的农产品赞叹不已。不仅在哈洛德食品店（Harrods Food Hall），而且在伦敦市内各处的果蔬小店，都可以看到比美国普通超市中更为丰富的本地蔬菜——如果把附近西欧国家也算作本地的话，那就更多了。

不久我发现上述那段鸡肉沙拉的经历，让我明白了一个先前略有觉察，但又没有彻底领悟的道理：不能自以为是地认为通用语言——哪怕是一模一样的单词——能够确保我们谈论的是同一道菜肴，即便是像沙拉这样看似极为简单的东西。事实上，几十年后，当我为写作这本书作研究时，我注意到在人类食物历史中，“沙拉”（以各种拼写形式和语言）一词简直无孔

马苏里拉奶酪番茄沙拉。

不入——菜单、古代食谱、宴会记载、小说——有时带有具体的描述，有时没有。这让我很吃惊——每个人都“知道”沙拉是什么吗？

事实上，根据记载，欧洲和美国沙拉的基本材料——生菜、橄榄油、醋或柠檬、盐——已经存在数百年了。（在没有这种饮食习惯的国家——北欧、亚洲、印度部分地区和非洲——吃沙拉是近些年的事情。）不过，这些食材是怎么被放到一起的？沙拉里还有什么？在不同的时代，沙拉在日常饮食中发挥着何种作用？吃沙拉的是哪些社会阶层？他们在什么时间、如何吃沙拉的？用叉子还是上手抓？

研究表明，尽管人们通常所说的沙拉大多是某种绿色蔬菜和沙拉汁的组合，但上述问题在不同的时代和地域会有不一样的答案。被人们称为沙拉的东西——拉丁语中的“*acetaria*”，古意大利语中的“*insalata*”，古法语中的“*salade*”，英语中的“sallet”——必然会映射出某时某地的饮食模式、文化价值、气候和农业状况、味觉偏好，以及特定的生理学、医疗和医学观念。不过，人们有时候特别想拌着酱汁吃一些（一般是生吃）绿色蔬菜，几个世纪以来这样的念头都有据可查。最初，沙拉出现在富裕人家的厨房里，他们在生的绿色蔬菜上堆了很多东西——烤肉、动物内脏、奶酪、香草、面包——使得你很难简单地说沙拉到底是什么。

历史上，名为“沙拉”的东西可能是野生香草或人类种植的绿叶菜，浇上咸味酱汁；也可能是用以纠正公元2世纪著名医学家、哲学家盖伦（Galen）体液学说所说的人体体液不平衡的蔬菜凉盘。文艺复兴时期和后文艺复兴时期盛宴上的沙拉是大块儿烤肉，配上水芹、香草和生菜。有时候，沙拉是拌着某种沙拉汁的冷盘，除了一点点生菜，什么蔬菜也没有。20世纪早期的美国厨房里，能登上大雅之堂的沙拉往往是蔬菜、龙虾或鸡肉的组合。沙拉可能是正餐餐前或餐后吃的精致小菜，也可能是为了减肥或保持体重而设计的低卡路里菜肴。在相反的极端情况下，人们将可以

意大利传统的健康沙拉——托斯卡纳面包沙拉(panzanella)。

迅速增加体重的意面或土豆沙拉、罐装豆子、金枪鱼沙拉、做熟的蔬菜、生蔬菜、蟹肉棒堆在一起，并配以从超市的沙拉材料柜台挑选的绿色蔬菜。也有为家庭制作大碗沙拉设计的成包蔬菜。亚洲人也对这道来自西欧的菜肴做了各种“解读”。沙拉已经成为厨师们一展身手的平台，有人甚至将沙拉做成了一堆蔬菜泥。还有人将它当作一道单独上桌的配菜，尤其是在20世纪晚期至21世纪早期，人们将沙拉当作正餐。在正餐之前和之后都可以呈上沙拉。有时候在两道热菜之间，为了帮助食客打发等待时间，沙拉也被端上桌；有时则是为了给客人换换口味而呈上沙拉。

传统的沙拉要么是清一色的生蔬菜，要么其中一部分是生蔬菜，因此它往往带来与整顿餐饭截然不同的温度、口感与味道。即使是将煮熟的蔬菜冷却后制成沙拉，也会与桌子上的其他菜肴形成这样的差异。（尽管本书主要探讨的是欧洲沙拉传统的发展轨迹，但是世界其他地区也有名叫“沙拉”的菜肴。有的

华尔道夫沙拉（Waldorf salad），新鲜的生菜铺底，
上面配有核桃、芹菜和苹果。

沙拉与西方的沙拉差不多，有的则大不一样。它们不像欧美的沙拉那样依赖生菜，但相同的是，它们都与主菜的温度和口感截然不同。在可能的情况下，其中的主角是本地蔬菜——生的或者是做熟后凉凉的蔬菜——再加上沙拉汁。）

显然，沙拉的故事并不简单。我们很难找到一个放之四海而皆准的定义，将所有“沙拉”囊括在内。尽管如此，沙拉的变迁仍在继续。人们不断在绿叶蔬菜和沙拉汁这两种原始材料的基础上，通过加入甚至去掉某种食材，来调拌沙拉。从过去到今天，我们制作沙拉的方式不仅事关厨艺，并且是对当时、当地饮食文化需求和预期的映射与回应。

Salad

A GLOBAL HISTORY

1

生菜：罗马帝国的药用蔬菜

许多医生断定这种蔬菜（生菜）比其他蔬菜更好。

——帕加马的盖伦（Galen of Pergamon），《论食物和饮食》（*On Food and Diet*），公元2世纪

历史上存在过没有沙拉的文明社会吗？古希腊诗人赞美过它，它与烤肉结伴频繁地出现在古罗马宴会的餐桌上，法国王室津津有味地享用过它，如今沙拉已成为家庭餐桌、自助餐、飞机餐、沙拉自助台、农夫市场，甚至快餐店中司空见惯的菜肴。数百年来，某种形式的沙拉一直是人类饮食结构的一部分。如今，沙拉已成为人们日常生活中的一道家常菜，我们享用自己喜欢的包含了丰富食材的沙拉，为吃到如此“健康”的食物感到心满意足，并习以为常。这个故事其实并不简单，沙拉一度是一种被轻视的菜肴（蔬菜）中被

忽视的一小部分，摇身一变成为当代饮食中的全能明星，这是怎样的一个过程？

早在绿色混合沙拉、恺撒沙拉、袋装沙拉、瓶装沙拉汁和沙拉自助台出现之前，人们普遍重视的蔬菜最初只有一种——生菜。人们认为其他蔬菜的各种特性可能诱发各种疾病，但生菜不会。至少早在罗马帝国时期，哲学家、散文家和历史学家就喜欢生菜——当时唯一可以经常生吃的蔬菜。现在我们可能已经认不出那个年代的生菜了。与当今常见的球生菜和长叶生菜（包括波士顿生菜和比布生菜，英文分别是Boston、Bibb）不同，古代生菜更像现在的罗马生菜（romaine），不过更小一些，味道也更苦。当时的生菜不与其他蔬菜混合或搅拌在一起，而是蘸上咸味酱吃——咸味酱也就是如今沙拉酱汁的鼻祖。

过去那些拌菜是沙拉吗？当时没有这个叫法——直到几个世纪后“*salade*”一词才出现，源于拉丁语“*herba salata*”（盐渍香草）。当时沙拉的吃法也和

世界各地的酒店和餐厅的菜单上都有恺撒沙拉。

现在不一样：它并不是单独的一道菜，而是分别放在桌上的众多菜肴之中，或作为烤肉的配菜上桌。那时候没有叉子，无论是种植的还是野生的，生菜叶和与之类似的绿色蔬菜只能蘸着酱汁吃。上流阶层喜欢专门种植的生菜，社会下层吃的生菜大多是四处搜寻来的，或者是菜园中的一小块地里种出来的。不过，不论生菜是怎么来的，它都是配上油、鱼酱油（一种咸味的发酵鱼露，类似于现在的酱油）和（或）醋的混合调味汁生吃的，这一点与其他蔬菜不同。几百年来，这种沙拉没有上升成为单独的一道菜，但它始终在人们的餐桌上，提供了与熟食完全不同的温度、口感和风味，一如今天的沙拉。

不论生菜是从哪里长出来的，也不论人们怎样食用生菜，享用生菜的贵族与烹制它们的厨师都明白，生菜之所以得到这样的推崇，是因为人们认为它具有医疗特性。“显然，”饱学之士盖伦说，“在所有食物中，生菜的汁液是最好的。因为它天然具有很好的造

罗马生菜，一种广受喜爱的沙拉生菜，在大多数商超和杂货店中都能买到。

传统的里昂沙拉（salade Lyonnaise）中的水煮蛋。

17世纪早期佚名画作《以马忤斯的晚餐》(*Supper at Emmhus*, 局部)中的沙拉。

血功能，不会导致其他体液增加。”

血液？体液？对于现代读者来说，盖伦那些与生菜烹饪无关的观察和结论令人费解，但在古代，那些发现却是符合医学理论的逻辑延伸。今天，我们单独地看待饮食，而不是将它看作一个囊括了饮食、医学、生理学、哲学的复杂体系的一部分。然而在古代，在人们了解人体运行的复杂原理之前，食物不仅是用来填饱肚子的，而且人们认为它能影响人的气质。那时候，“四体液说”是解释人体如何运行的主流理论。

古人将体液学当作某种医学，它实际上是一个有关生理学和哲学的体系。它最初是由古希腊医生希波克拉底（Hippocrates）提出的，两个世纪后由盖伦将其系统化。盖伦的医学理论将人体视为黑胆汁、黄胆汁、痰液和血液等四种人体液体（体液）的平衡——更多情况下是不平衡。四种液体的热、冷、温、干的特性各不相同，与之相对应的气质分别是多血质、黏液质、胆汁质和抑郁质。一个人属于哪种气质由含量最多的那种体液决定。每种食物都具有热、冷、温、干等四种特性。更复杂的是，根据这一理论，每个人的身体都是四种元素的特定组合。摄入的食物和烹饪的方式会改变体内体液的平衡——往往是消极的改变。不过，（根据体液学制定的）平衡膳食可以调节失衡的身体，并使其保持平衡。这就是古代所谓的饮食理论。

我们对古希腊和古罗马食物的了解大多来自盖伦，一位著作等身的作家和思想家。尽管并非出身贵族，但盖伦家境殷实，颇有威望。他的父亲是医生——当时医生算不上非常高级的职业。尽管如此，当一天夜里盖伦的父亲梦到时年17岁的儿子也会成为一名医生时，盖伦相信了这个预兆。盖伦所受的教育非常广泛，包括数学、哲学，以及较为规范的修辞学和文学。他阅读广泛，尤其深受希波克拉底的饮食与健康思想的影响。他广为游历，四处求教，深入研究。还有一段时间，他前往帕加马的一所角斗士学校行医，在那里当医生，可以有更多的机会去治愈伤员。

那段经历让他学会了解剖学，也让他有机会通过改变饮食，研究不同的食物如何让受伤的角斗士快速恢复体力。

盖伦的著作《论食物的力量》（*On the Power of Foods*）是一扇从厨房打开的窗户，从富裕家庭餐桌上的珍馐美味，到穷苦人家聊以果腹的粗茶淡饭，让人们一窥罗马帝国的食物理论和饮食习惯。在这本书中，盖伦根据食物的味道、消化特点和对体液的影响，将所有已知的食物编入目录，分为水果、蔬菜、谷物、鱼、家禽、肉、动物内脏和乳制品等类别。这些食物是否会加速某种体液的分泌？对胃部有益还是有害？是否能快速被身体排解？是否容易消化？盖伦在书中还粗略地介绍了一些烹饪和搭配方式，甚至还列出了几个食谱。以盖伦的逻辑看，生菜在蔬菜中占据了一个特殊的位置。盖伦对它的赞赏是值得注意的。盖伦还发现，在大多数情况下，人们蘸着用橄榄油、鱼酱油和醋调成的酱汁生吃蔬菜——与现在的绿色沙拉没有多大差别。

尽管当时的医学观点认为水果和蔬菜性“寒”，劝人们不要生食，但盖伦唯独将生菜挑出来，指出它作为食物有“最好的汁液”。可惜的是，他没有写明是哪种生菜，只称之为“今天人们所说的生菜”。“人们”，这里指的是上层社会，他们要么在自己的乡村庄园里种植生菜，要么在城里也买得起生菜。“人们”还可能指在农场干活儿的家庭，他们自家的小菜园里也种一些出售的蔬菜。盖伦从医学和事实两方面鼓吹生菜，显然，不是所有人都像盖伦一样喜欢生菜。“如果生菜真像有些人说的那样让体内积聚大量血液，因此而备受批评的话，”他说，“那么这个问题解决起来也很容易，只要多花时间锻炼，或者少吃点生菜就可以了。”

盖伦认为，不管是生的还是做熟的生菜，都可以让身体恢复平衡和健康。他还举出了具体的例子。盖伦的牙齿开始出问题的时候，他发现，吃事先焯过水的生菜（尚未开花结子儿）很有疗效。他透露，如果晚上吃的话，生菜还是对付失眠的不二良方。他对生的生菜如此偏爱，与对当时其他蔬菜的看法完全不同，而后者是现代社会习惯用来做沙拉的蔬菜。他要么看不上那些蔬菜，要么写的都是它们做熟的吃法，不像是沙拉的吃法。

举几个例子。在提到苦苣（endive）和菊苣（chicory）时，盖伦说它们的医疗功效与生菜不相上下，但不如生菜可口。他还写道，甜菜根（beetroot）“像其他蔬菜一样”没什么营养价值，“但如果加点芥末，至少加点醋”，“它对脾脏不适的人可谓一味良药”。“实际上，你完全可以把甜菜根当作药物而不是食物。”在盖伦看来，胡萝卜与其他根茎类蔬菜一样有利尿功效，但不好消化。

黄瓜也不招盖伦待见，因为它有“一种讨厌的汁液”，不但会引发恶性发热，还会不知不觉在血管中越积越多。球形小红萝卜（radish）其实是一种植物根茎，并不是蔬菜。盖伦看到有人在它上面浇上醋吃，乡下人还会将其与面包一起吃。他解释道，它也可以作为开胃菜配鱼露生吃，有助于通便。盖伦将茴香球茎列入困难时期水煮果腹的食物。盖伦认为，芝麻菜与生菜一起吃会更好，因为单吃芝麻菜会引起头痛。他将洋葱、大蒜和韭葱一笔带过，说是必须做熟才能吃，煮上两三次才能彻底去掉那种辛辣味。

谈到蔬菜的吃法时，盖伦写道，蔬菜一般进两次锅，先在开水中煮到半熟，沥干水分，再下锅炒到软嫩；或者像洋蓟（artichoke）一样，彻底煮熟后加入橄榄油、鱼露或葡萄酒。不过，生菜的烹制史则完全不同。在盖伦的时代，虽然很可能不是社会各阶层都能经常吃得上生菜，但是蘸着调味汁生吃生菜的习惯显然已经存在一段时间了。某些品种的生菜可能古已有之，只是在各地的用途各不相同：在古埃及是一种壮阳药，古希腊人拿它当作镇静剂，古罗马人则用它来抑制性欲。

公元1世纪的诗人马尔西亚（Martial）记录了生菜

詹姆斯·吉尔雷(James Gillray),《节俭的晚餐》,1792年。

的很多用途，包括入药，“你呀，福比斯，吃点生菜和软苹果吧！你的表情痛苦得跟便秘似的”。出于烹饪方便的考虑，他建议生菜应该在宴会最开始时吃。有朋友来做客时，马尔西亚还会奉上一道与现在的金枪鱼沙拉非常像的美味佳肴——切成段的韭葱、有益健康的生菜、加了芸香料的金枪鱼，再配上鸡蛋酱。公元1世纪的老普林尼（Pliny the Elder）写道，希腊人的生菜分为三种，一种是长而有茎的，一种是绿色草本的，一种是短粗的。不过他也提到了人们在自家菜园里种的生菜，这些生菜也是绿色的。在老普林尼的记录中，生菜是“acetaria”，自家菜园里种的，“无须开火，节省燃料”，“随用随取，非常方便”。

有关生菜和其他蔬菜的“医学”或哲学层面的这些分析，古人究竟有多在意？我们无从得知。但不论是医学、烹饪理论，还是哲学理论，都很有意思。它很少直接告诉我们，古人到底吃了什么；而且如果我们从中得出结论——盖伦的医学准则可以左右所有人的饮食选择，这也不符合事实。在现实生活中，人们吃的东西都是他们容易弄到、买得起的，如果条件允许，他们才吃得上自己喜欢的食物。因此，关于沙拉的所有讨论，以及那个时代流传下来的所有食谱，反映的都是统治阶级的习惯和偏好。他们与工人、奴隶和自由民不一样，可以想吃什么就吃什么。

比起野外生长的蔬菜，罗马人更喜欢吃农场或温室栽种的。对于下层社会的人（奴隶和劳工）来说，尤其是那些住在城里的人，种植的生菜和其他蔬菜都会是一项额外支出，必然不会靠它来填饱肚子。他们能找到什么就吃什么，要么就不吃蔬菜了，偶尔吃得起应季的。他们绝不会因为盖伦的哲学思考，而纠结该吃什么、不该吃什么。经济条件较好的阶层买得起自己想吃的食材，才会考虑盖伦所说的生菜和其他绿叶菜的医疗功效。关于沙拉的另外一个事实是，我们现在谈论沙拉，往往将它与正餐联系在一起，但古人一天的用餐习惯并不像今天这样固定。古时候，人

卷心菜沙拉比绿蔬沙拉更解饱。

们的饮食因阶层、地域和食材可获得性的不同而千差万别。当代饮食习惯预设的前提是各个阶层每天都要吃早餐、午餐和晚餐，而这种模式在工业革命之后才形成。

好在关于古代沙拉的历程，还有一本古书可作为参考——《烹饪的艺术》（*De re coquinaria*）。它是现存最古老的欧洲食谱书，反映了当时的富裕阶层平时到底吃什么。据称，此书的作者是马库斯·加维乌斯·阿皮修斯（Marcus Gavius Apicius），公元1世纪早期一位阔气的美食家。传说中，阿皮修斯举办了许多场奢华靡费的宴会，并经常在宴会上烂醉如泥。后来他害怕千金散尽，无力再办这样的宴会，就结束了自己的生命。不过，关于他的确切记载很少。《烹饪的艺术》汇集了近500种高端食谱，大部分是烦琐的。后来有人将它分为10册，其编排方式与现在的烹饪书非常相似，包括食物的（常温）储藏、肉类、家禽、蔬菜、豆类、海鲜菜肴和高档菜肴。这些食谱极有可能是有钱

松软干酪沙拉配上菠萝和草莓，生菜做基底。

人家的专职厨师使用的——换句话说，是给那些锦衣玉食的人准备的。

现在人们普遍认为，书中的食谱是多位厨师在很长一段时间内分别创作的，而不是阿皮修斯一个人的功劳，而且最初是写给同行看的。这些食谱本就源自胡吃海塞的饮食习惯，很多菜肴制作成本高昂，显然是给财力充足的人家设计的。这些人家的厨房帮工或厨师买得起食谱中的食材，包括大田和温室里种植的各种新鲜蔬菜。现在被称作沙拉的菜肴可以做得很简单，也可以做得相对复杂一些（因为可以酌情添加各种非蔬菜成分）——这样或简或繁的两种方式一直延续到现在，根本无法用一个简单的“沙拉”将其囊括。

《烹饪的艺术》记载的菜肴不是人们每天都会吃的，食谱里没有记录的简单菜肴并不意味着人们不经常吃。想象一下，这样一道餐前开胃菜——要给半熟的葫芦里塞上辣椒、欧当归、牛至叶、常备的鱼酱油、煮好的动物脑和鸡蛋，然后用绳子把葫芦缠好后下锅炸，出锅后与酱汁一起上桌。准备这样的菜，厨师当然要在调拌生菜或绿叶菜这种基础菜方面游刃有余。

许多我们认为适合做沙拉的生蔬菜——绿叶蔬菜、芹菜、欧芹、新鲜香菜、新鲜酸模——都曾出现在一些我们认为可能是古老的沙拉食谱配方中。比如这个配方：农家蔬菜（rustic greens）、金玉兰菜、鱼酱油、油和醋。不过，蔬菜做熟往往比生吃更好的观念在当时还很盛行。因此，以熟蔬菜作为食材的沙拉食谱要多得多，就像这样一道菜：将芹菜切碎并捣成泥，加上胡椒粉、欧当归、牛至叶、洋葱酒、鱼酱油和油，都放进平底锅中做熟。还有三种叫“sala cattabia”[①]的菜肴，是将面包、奶酪、煮熟的蔬菜、香

① 来自一本古罗马菜谱，名字存在多种变体，据说最早来自希腊语。“sala”是希腊语“*hals*”（盐），“*cattabia*”是一种烹调鱼的方式。——译者注

草、鸡肉和调味汁堆叠在一起的杂拌菜，在学者看来也是沙拉，一般是凉着吃的。相较于简单浇点调味汁的绿叶菜，它更像风行于18世纪的一种名叫“大拼盘”（salmagundi）[①]的复杂沙拉。这道菜里不仅放了很多香草，还有蜂蜜、醋、发酵鱼露、奶酪、黄瓜、洋葱、软化的面包、大蒜和鸡肉，甚至还加了香料酒（spiced wine）。

来看看阿皮修斯式的sala cattabia是怎么做的——有点像一道非常精致的鸡肉沙拉：

> 在杵臼里放入芹菜籽、干的唇萼薄荷、干薄荷、姜、香菜、去籽葡萄干、蜂蜜、醋、油和酒，一起捣碎。在小锅中放入几片皮森汀面包（Picentine

---

① 一种最初出现于17世纪晚期英国殖民地的沙拉配方，各种食材放在一个大盘子里，码成各种几何图形，但经常摆成圆顶状。salmagundi这个词大概来自法语，是大杂烩的意思。——译者注

bread，松软的粗麦粉面包），中间夹上熟鸡肉、山羊杂碎、维斯汀奶酪（Vestine cheese）、松子、黄瓜和切碎的干洋葱。（在食材上）浇上酱，把锅在雪里放一个小时，[①]撒上胡椒粉就可以上桌了。

那些充斥着大量昂贵食材的食谱或许会随着罗马帝国的衰亡而消失，但食物及其烹调方式具有某些药用价值的观念却延续至今。令人惊讶的是，许多个世纪之后，这种观念——即使是在沙拉的烹制与食用上——仍然存在。

① 古罗马贵族从附近山脉收集冰雪运往城市，由此制作的冷藏食品成本极高，在当时是身份、地位的象征。——译者注

Salad

A GLOBAL HISTORY

2

沙拉在欧洲的流行

星期六，我去了那家酒馆，吃了沙拉、煎蛋卷和奶酪，感觉不错。

——雅各布·蓬托尔莫（Jacopo Pontormo），日记，1554年

1554年春天，文艺复兴时期的画家雅各布·蓬托尔莫在日记中记录自己享用过的大量食物之际，此时，经历了数个世纪曲折发展的沙拉已经出现。在战争、毁灭性瘟疫和饥荒肆虐的中世纪，沙拉——不论是浇上调料汁的绿叶菜，还是更加精巧的蔬菜冷盘——不是特别受欢迎。沙拉真正出现后，吃沙拉的大多是有钱人。而且，当时人们不像现在一样重视蔬菜的营养价值。自盖伦之后，没有一种理论否定他对生的蔬菜的种种疑虑，以及人体健康依赖四种体液

平衡的观点。关于蔬果特定营养价值的现代观念的出现，仍然是很久之后的事情。

不过中世纪之后，盖伦的思想开始再次影响人们的饮食习惯。首先是在文艺复兴时期，人们对古希腊与古罗马营养、饮食和文学著作的推崇提升了盖伦的影响力；自从约翰内斯·谷登堡（Johannes Gutenberg）发明印刷术后，古代医学和烹饪著作（包括阿皮修斯的拉丁文著作）流传更广，让盖伦思想的影响进一步扩大。

当时没有任何饮食或医学理论成功挑战盖伦的理论，有关人体机能的理论更是远未出现，因此古人对蔬菜和水果的怀疑——扩展到沙拉——在17世纪乃至18世纪仍然盛行。（同样盛行的理论还有，蔬菜是乡下人吃的，相较于人类，更适合牲口。）当时信奉盖伦思想的学者认为，蔬菜和水果容易腐烂，尽管个别几种果蔬有助于调节身体平衡，还是建议尽量少吃。不过，人们的日常饮食很少严格遵循这些理论，按照“医学准则”进食的观念越来越淡化。

早期的意大利沙拉

食物历史学家认为，类似沙拉的食物在意大利存在已久。16世纪，意大利画家蓬托尔莫的饮食习惯（很多沙拉、烤肉、面包、扁桃仁、核桃和鸡蛋）可以证实，沙拉已经成为意大利上流社会餐桌上较为常见的菜肴。当时，人们饮食中的沙拉——无论是几种绿叶菜简单拌在一起的沙拉，还是那种高端复杂的古代混合沙拉——仍然只是富人的一种选择。他们总是在意自己餐桌上的食物是否气派，如何体现自己的社会地位，而不是考虑"科学"或符合医学原理。而对于社会底层来说，身处文化、经济等现实条件的束缚中，没有能力——甚至懒得去琢磨沙拉蔬菜的热/干、冷/湿的特性，只是吃自己买得起或者自己种的东西罢了。

地理和气候也是影响饮食的重要因素。沙拉蔬菜或绿叶蔬菜在气候宜人的地方长势更好，因此沙拉最初在意大利风靡，早于欧洲的其他地方，这并不奇怪。毕竟，意大利人哪怕在只有巴掌大的一小块地上，都能种出好几种菜。对于食物史来说，幸运的是，一些意大利作家抓住机遇，记录下了当时的饮食（其中包括沙拉），以及每种食物的烹饪和食用方式。这些资料显示，沙拉——至少是绿叶菜和调味汁——在意大利非常受欢迎，人们完全没有看不起蔬菜。

历史上刊印的第一本烹饪书是1474年出版的《论正当享乐与身体健康》（*De honesta voluptate et valetudine*）。作者是人类学家巴托洛梅奥·萨基（Bartolomeo Sacchi），现今人们称其为普拉蒂纳（Platina）。普拉蒂纳论述的出发点仍然依赖盖伦系统化的古代体液学说。但是他的写作目的与盖伦不同，其作品反映了15世纪下半叶贵族的想法——如何选择一种舒适而健康的生活方式。除了提供食谱，普拉蒂纳还分析了如何选择住处，如何布置餐桌，一餐中应该首先吃什么，以及关于运动、睡眠和性行为方面的观点。他评价了当时的食物和调味品，谈论菜肴应该按什么顺序上桌。书中给出了一条医学建议：有通便作用的食物，包括绿叶蔬菜和其他所有蘸着橄榄油和醋吃的蔬菜，应该在一餐中先吃。这是因为普拉蒂纳认为生冷的食物能够刺激食欲，要在热菜前吃，所以不论是简单的还是复杂的沙拉，都应当是最先上桌的菜肴。

普拉蒂纳的食谱来自当时的名厨马埃斯特罗·马蒂诺·德·罗斯（Maestro Martino de Ross）所著的《烹饪之道》（*Libri de arte coquinara*）。《论正当享乐与身体健康》从态度上是对体液学说的致敬，同时反映了罗马精英阶层饮食的实际情况。本书多次重印，让普拉蒂纳的思想传遍了西欧。书中对一些食物的评价是对盖伦的回应——比如我们的老朋友生菜。像盖伦一样，普拉蒂纳喜欢生菜，但并不是出于烹调的原因，“据说屋大维身体不适时，用生菜维系生命。毋庸置疑，这是因为生菜促进消化，还有比其他蔬菜更好的造血功能”。普拉蒂纳继续讲述调拌生菜的方法：

“将生菜放在盘中，撒上细盐，倒入少许油，多放一点醋，搅拌后立即食用。有人会在里面加一点薄荷和欧芹调味，这样就不会过于清淡。生菜虽然寒性极重，但也不会伤胃。”

这样简洁明了的沙拉做法，以及那些更简单的做法，很少能在烹调书中看到。古代的写作者们明白，厨师们根本不需要看食谱来调制简单的沙拉。不过涉及较为复杂的沙拉时，普拉蒂纳提供了详尽的指导：

> 同样，还有一种调拌沙拉的做法，用料是生菜、琉璃苣、薄荷、风轮菜、茴香、欧芹、野生百里香、马郁兰、细叶芹、苣荬菜（医生称其为蛇麻草）、刺草（医生称其为羊舌草）、龙葵、茴香花，还有其他数种药草，都要洗净压干。把这些东西放入一个大盘子，撒上很多盐，用油润湿，倒上醋后，（将绿叶菜和药草）静置一会儿，（再）加一次油，最后淋洒上一点醋。

教皇西克斯图斯四世（Pope Sixtus IV）任命巴托洛梅奥·普拉蒂纳为梵蒂冈图书馆馆长，约1477年由梅洛佐·达·弗利（Melozo da Forin）所作。

生怕有些人吃得太快，普拉蒂纳还在书中提醒道：“这道沙拉中韧劲十足的野菜得用力咀嚼才行。”

一个世纪后，1570年，文艺复兴时期的大厨巴托洛梅奥·斯卡皮（Bartolomeo Scappi）在其大部头作品《食谱集》（*Opera*）中收录了千余道食谱，多次提及沙拉，但真正列出的沙拉食谱却寥寥无几。不过，曾担任教皇庇护五世（Pope Pius v）私人厨师的斯卡皮，给出了生、熟两种沙拉蔬菜的做法。他使用的蔬菜包括芦笋、黄瓜、春葱（spring onions）、苦苣、四季豆，还有一些让人不大想得到的食材，比如香橼花、小牛肉、山羊蹄、煮老的鸡蛋、通心粉、刺山柑和醋栗。他列出的菜单上也有与沙拉做法类似的菜——新鲜的甜茴香球茎、加醋和盐煮熟的朝鲜蓟、生菜配琉璃苣花、黄瓜和春葱调拌成的沙拉。在斯卡皮看来，沙拉可以同时放入生、熟的蔬菜，比如芦笋、苦苣、茴香、四季豆和黄瓜。

斯卡皮的《食谱集》提供的餐具插图尤其值得一

提。书中一幅插图里有一种新出现的餐具——叉子。叉子现在已经成为我们吃沙拉离不开的餐具，但在当时可能是一个颠覆性的发明。叉子（以及更常见的刀和勺子）在使用斯卡皮食谱的豪门望族的餐桌上出现，表明它正在成为意大利贵族餐桌的特征之一。[叉子在意大利的出现早于欧洲其他国家。英国关于叉子最早的可考记录是1611年托马斯·科里亚特（Thomas Coryate）的作品《粗制面包》（*Crudities*）。科里亚特是个富于冒险精神的怪人，1608年他游历欧洲的部分地区，看到一种从没见过的餐具——叉子。“意大利人和大多数生活在意大利的外地人，吃饭时总是用一把小叉子（fork）切肉。”他写道。]

在阳光明媚的意大利，人们比欧洲其他国家的居民更爱吃蔬菜，因此意大利很早就出现了各式各样的沙拉。当时的意大利沙拉中除了生菜，可能还有其他在当地长得很好的绿叶菜和药草，比如苦苣、菊苣、水田芥、地榆（burnet）、龙蒿叶和芝麻菜，这些食材

吃沙拉必备的叉子。

浇上油和醋后就可以做成沙拉，但也可能有许多其他组合方式。

17世纪英格兰与法国的沙拉

有关意大利沙拉的记忆始终在贾科莫·卡斯泰尔韦特罗（Giacomo Castelvetro）心头萦绕，他因宗教信仰被驱逐，后来在欧洲大陆对岸喜欢吃肉的英格兰定居。在他于1614年出版的《意大利的蔬菜与水果》（*The Fruits and Vegetables of Italy*）一书中，描述了当时的意大利人一年四季吃的所有水果和蔬菜，给出了如何食用这些蔬果的建议，还详细说明了调拌沙拉的正确方法。卡斯泰尔韦特罗强调了上流社会准备沙拉的方法。他表示："沙拉需要的不仅仅是好的食材，知道食材的预处理方式才是成功的关键。"他强调了要把制作沙拉的蔬菜多洗几次，去除里面的沙土，将各种蔬菜混合摇晃，置于干净的亚麻布上晾干，这时候

Il venditore d'insalate in Roma

女子购买沙拉蔬菜的蚀刻版画，巴托洛梅奥·皮内利（Bartolomeo Pinelli, 1781—1835）。

才应该考虑如何调味。前面的步骤完成后，他写下了几个世纪以来遵循的沙拉调味方法："沙拉必须多放盐，少放醋，多放油。"

卡斯泰尔韦特罗在作品中明确表示，盖伦对于蔬菜的看法仍然是主流观点。卡氏尤其喜欢春季沙拉。"在这样宜人的季节，美味、精致、有益健康的沙拉简直让我们说不出的高兴，我认为这有以下两个原因，"他写道，"首先，冬季吃的熟沙拉现在显得味同嚼蜡；其次，各种新鲜的绿色蔬菜让人赏心悦目，齿颊留香。尤其重要的是，它对身体大有裨益，将阴郁冬季淤积的愁苦情绪和不健康体液一扫而光。"

不过，在爱吃肉的英格兰，喜爱沙拉的不只意大利人。在瘟疫、贫困和战争肆虐的都铎王朝时期和伊丽莎白时代，农产品并不丰裕，但有钱人的餐桌上总是不缺佳肴。尽管人们都想大啖荤腥，沙拉作为英国上层社会饮食的一部分还是留存了下来，出现在当时英格兰的一些菜单上。那个时代的烹饪书中有简单的沙拉食谱，主要是各种绿色蔬菜的组合，比如马齿苋、琉璃苣和法国菠菜，再加上鼠尾草、海索草和一种牛至叶这样的药草；也有使用多种食材的综合沙拉，这种沙拉通常有一层绿色蔬菜。

1615年，作家、诗人和马术师杰维斯·马卡姆（Gervase Markham）在他的持家指南《英格兰主妇》（*The English Huswife*）中，分别列出了一些基础的和复杂的沙拉食谱。马卡姆的食谱中有煮熟的沙拉、保藏的沙拉、腌制的沙拉，还有一些奇怪的沙拉——有时候这些沙拉的中心部分甚至不是用来吃的。即便是马卡姆描述的基础沙拉也远远算不上简单，要用到洋葱、细香葱、春葱（又名青葱或韭葱）、小红萝卜、煮熟的胡萝卜、芜菁、嫩生菜、卷心菜、马齿苋和其他药草，吃的时候加少量醋和油，再依照中世纪的调味方式加点糖。

1660年，伊丽莎白时代的厨师罗伯特·梅（Robert May）在他的烹饪书《烹饪大师》（*The Accomplisht Cook*）中写了题为“沙拉（sallets）”的一章，书中的那些沙拉做法一点都不简单。他的第一个沙拉食谱是"若干综合沙拉做成的大沙拉"（grand Sallet of divers Compounds）——切成小片的冷的烤肉鸡或其他烤肉，与切碎的龙蒿叶和洋葱掺在一起，还有生菜碎、刺山柑、橄榄、腌金雀花芽、蘑菇、牡蛎、柠檬、橙子、葡萄干、坚果、无花果、土豆、豌豆、油和醋，所有食材都要漂亮地摆放在一起。另外的17个沙拉食谱里没有肉类和鱼类，但有各种腌菜、切片的橙子和柠檬、葡萄干、甜菜根、黄瓜、药草和鲜花。

在法国，沙拉很早就开始流行。路易十四很喜欢沙拉，尽管他明确地拒绝用叉子吃。沙拉也出现在当时的字典和烹饪书中。已故法国历史学家让-路易·弗兰德林（Jean-Louis Flandrin）在他的《计划膳食》（*Arranging the Meal*）中说，沙拉"一般主要是生蔬菜，用盐、油和醋调味"。

相对简单的沙拉开始流行，法国文学中也多有提及。早在16世纪，作家弗朗索瓦·拉伯雷（François

尼斯沙拉（Niçoise salads），食材有金枪鱼、鸡蛋、土豆、橄榄、豆类、黄瓜和番茄，在世界各地广受欢迎。

巨人高康大吃掉了沙拉中的6个朝圣者，弗朗索瓦·拉伯雷《巨人传》插图（1873年版），由古斯塔夫·多雷（Gustave Doré）绘制。

Rabelais）笔下就介绍了许多种沙拉。在《巨人传》中，他描述了巨人高康大用生菜、油、醋和盐调拌的沙拉。（碰巧的是，高康大也不小心吞下了一些慌不择路走入沙拉丛的清教徒。）

尽管烹制沙拉的食材不是人人都买得起，新鲜蔬菜几乎不在穷人的预算之中，但沙拉在意大利并不是贵族的专利。当时沙拉的流行程度已不可考，但雅各布·蓬托尔莫的日记显示，它不仅仅是宴会中烤肉的佐餐。蓬托尔莫列出了生菜沙拉、假升麻沙拉、刺山柑沙拉、琉璃苣沙拉，甚至还有煮熟的沙拉。有时候，他只是简单地提到“沙拉”——大概是指一种现今学者认为的标准化食物，只是新鲜生蔬菜加盐而已。根据蓬托尔莫日记记载，他吃饭有时候先吃沙拉，有时候每餐必吃沙拉。实际上，在整个17世纪，沙拉可以刺激食欲的观点长期存在，沙拉应该如何上桌也一直争论不休——作为第一道菜，最后一道菜，还是烤肉的佐餐，或是与主菜同上的配菜。

爱吃沙拉的人：萨尔瓦托雷·马索尼奥、约翰·伊夫林

这两位口才和文采都堪称一流的沙拉拥趸横跨了两个世纪。两人的经历迥然不同。意大利人萨尔瓦托雷·马索尼奥（Salvatore Massonio，1550—1629）和英国人约翰·伊夫林（John Evelyn，1620—1706）明确宣称，沙拉的时代已经来临。

马索尼奥是一位医生兼作家，也是沙拉的忠实爱好者。在意大利，斯卡皮的名作《食谱集》对沙拉寥寥数语带过的半个世纪后，马索尼奥撰写了长篇研究文章《第一道菜：沙拉及其用途》（*Archidipno: Salad and its Uses*，1627年）。这篇文章表明，绿色蔬菜在意大利大受欢迎。马索尼奥说，尽管在意大利不是人人都吃沙拉，沙拉也是家喻户晓的。

这个不同寻常的标题很重要。“Archidipno”是一个将两个希腊语词根合在一起杜撰出来的词，由archi（开始）和diepnon（正餐）组成，表明当时沙拉是（或

应该是）吃饭时上桌的第一道菜，这道菜吃完才上其他菜——不过文章也承认，有人一开饭就把沙拉端上桌，等待与主菜一起享用。这篇文章阐述了沙拉的特性、需要的食材，以及作者对许多蔬菜的特性和用途的看法，反映了当时人们对沙拉的科学认识。

马索尼奥认为，沙拉的所有成分都有营养。不过他引用盖伦的说法，认为吃沙拉必须考虑沙拉的比例、质量和数量。他还提出了一些问题，比如沙拉是否真的可以刺激食欲，吃沙拉时不宜饮酒的观念是否正确，以及吃了某些东西后，是否需要隔一段时间再吃沙拉。《第一道菜：沙拉及其用途》引用了大量古代资料，将食用沙拉的开始时间追溯到古代的特洛伊战争——在《伊利亚特》第十卷中，尤利西斯扛着一头雄鹿回到营地后，吃的饭中就有用油和醋调味的药草。

《第一道菜：沙拉及其用途》一文由研究种类繁多的食材以及如何搭配它们的部分组成。马索尼奥首先对调味汁的成分发表评论：醋“可以中和有毒的液体”，橄榄油“是古代人极为珍视的”，而盐更是至关重要的，沙拉的单词“salad”的词根“*sol*”，就是拉丁语中的“盐”。他说，胡椒是沙拉的“绝配调料”，而盐可以将鸡肉块变成沙拉。

马索尼奥列出了很多沙拉食材，包括可以想到的生菜、卷心菜和黄瓜，以及让人意想不到的野韭葱、豆芽、茴香、芝麻菜、可食用花卉和新鲜药草，后一类食材在商品菜园或温室里种植，但直到20世纪末期才能在英国和北美的商店中买到。书中所详述的每种蔬菜，大多要么附带有明确的食谱，要么会说明怎样用它们做沙拉。书中的食谱或沙拉配方，包括搭配各种调味汁的南瓜沙拉；药草、刺山柑、冷的野鸡肉、咸肉、口条、苹果与洋葱做成的冷盘；小红萝卜沙拉；芦笋沙拉；黄瓜沙拉；当然还要讨论生菜，这里要配上柠檬、鳀鱼、葡萄干和金枪鱼一起食用。至于调味汁，马索尼奥不出意外地写道：“沙拉的调味汁一般是醋、油和盐……

保罗·委罗内塞（Paolo Veronese），《加纳的婚礼》（*The Wedding at Cana*）细节，1563年。

如果有谁不用这种酱汁……那他就不会吃沙拉。”

大约70年后，与马索尼奥在这方面同样贡献突出的英国人约翰·伊夫林，强调和谐与平衡，在他影响深远的作品《沙拉详考》（*Acetaria: A Discourse of Sallets*, 1699年）中，沙拉被带到了一个新高度。在书中，伊夫林这样定义沙拉：“某些天然的新鲜香草的特定组合，一般可以放心地拌着某些带酸味的调味汁、油和盐吃。”伊夫林对沙拉大加肯定。他是一位英国乡绅，也是一位日记作者和学者，翻译过一些法国的园艺学资料。他还是英国皇家学会的创始成员。伊夫林对园艺学、饮食和医学理论都很感兴趣，他还热衷于研究园艺、雕塑和建筑。在伊夫林晚年动笔写《沙拉详考》（Acetaria这个词语是老普林尼提出的）之前，他最知名的作品是《森林志》（*Sylva; or, A Discourse of Forest Trees*）。他之所以写这本书，可能是为了帮助哥哥规划和重建不动产，即位于萨里郡的沃顿府邸（Wotton House）。在英国内战的大部分时

瓶装油和醋。

间里，伊夫林久居荷兰、法国和意大利。作为一个天生的园艺家，伊夫林认真观察了上述地方的大量植物——有的能吃，有的不能吃——这些植物都是他第一次见。他还翻译了一本法国园艺指南、一首拉丁文园艺诗，并且肯定对路易十四的首席园丁让-巴普蒂斯特·德·拉·昆蒂尼（Jean-Baptiste de la Quintinie）的作品很熟悉。因此在动笔写《沙拉详考》时，他已经对同时代的欧洲植物与园艺实践颇为了解。

伊夫林在书中依旧提到了盖伦提出的食物的干/湿、热/冷特性，但也为蔬菜更加接地气的应用前景而欣喜不已。“文化、工业、园艺技术开阔了”蔬菜的应用前景。这样的观点很新颖，甚至可以说具有现代眼光。在伊夫林看来，人类可以并且已经对蔬菜的质量和特性产生了影响。

与马索尼奥一样，伊夫林旁征博引，也列出了一份长长的沙拉食材和调料的清单，似乎这是他的重要使命：除了英国广为人知的食物，他还介绍了欧洲之旅中观察和品尝的一些陌生果蔬。伊夫林也提供了制作沙拉的方法和原则：用水洗净蔬菜并沥干，拣去不新鲜的菜叶，浇上最好的葡萄酒醋。在连篇累牍的沙拉调味说明中，伊夫林建议用橄榄油、醋和其他酸味液体调料、盐、芥末、胡椒粉、新鲜鸡蛋煮老后的蛋黄。他还讲述了自己观察到的欧洲人是如何上菜的：用什么样的刀（银质），用什么样的盘子（瓷质，不能太深也不能太浅），什么时候吃沙拉，特定饮食对人体的影响，以及素食主义的优点。

《沙拉详考》和更早的《第一道菜：沙拉及其用途》都是极具现代意识的作品，让读者得以一窥那个时代的烹饪农业（culinary agriculture）和沙拉。不过，两部作品仍然接受了盖伦有关食物医学特性的理论，虽然《沙拉详考》的因循之处少一些。在伊夫林动笔写《沙拉详考》时，他已经对同时代的欧洲植物与园艺实践非常了解。

如果说马索尼奥在书中记载了17世纪的前25年，

意大利人吃的各种沙拉和沙拉食物，那么半个世纪后伊夫林的研究更为深入。他不仅高度评价了当时英国人已经在吃的沙拉食品，还提到一些他认为可以，并且（出于烹饪和健康考虑）应该食用的带有更多异域特点的食品——比如，那不勒斯的西蓝花，他在法国乡村见到的蒲公英根，西班牙人、意大利人喜欢的大蒜，西班牙洋葱，当然还有生菜。“生菜，”他写道，“过去是，未来也会是各式各样沙拉的主要食材——它清凉爽口，醒脑提神。”

17世纪末，体液学催生的经典健康观点逐渐失势。一个新的时代正在挥手，各种各样的烹饪新理念扑面而来。虽然人们的饮食习惯依旧会受到一些基本因素的限制——食材的便利性、价格承受水平以及口味偏好，但是变化已经开始。沙拉，无论是法国沙拉、意大利沙拉，还是西班牙沙拉，都可以被随意地称为沙拉——这体现了在制作和食用沙拉的地区，烹饪传统的发展变化。

3

成为主角：沙拉从欧洲来到美国

下面就说到沙拉了。我把它推荐给所有相信我的人，让你迅速恢复元气，不再倦怠无力；让你心平气和，不再愤懑冲动……沙拉让我更年轻。

——让–安泰尔姆·布里亚–萨瓦兰（Jean-Anthelme Brillat-Savarin），《味觉生理学》（*The Physiology of Taste*），1825年

当沙拉不再被哲学和医学的包袱所负累，就变成了一道人们随时可以吃的菜——还是一道诱人的菜。17世纪，叉子的日益普及无疑也推动了沙拉的流行。尽管如此，数百年来，欧洲对生吃蔬菜的排斥心理根深蒂固，甚至延续到19世纪，整个欧洲（除了意大利）并不是一直接受沙拉的——可能这也是布里亚–萨瓦兰极力建议人们吃沙拉的一个原因。在不同的国家和地

区，沙拉的成分各不相同。有些人坚持吃清淡的蔬菜沙拉，只放油和醋；有些人则加入了许多蔬菜以外的食材，结合当地饮食文化，开发出不那么清淡的沙拉。沙拉应该处在进餐顺序中的哪个位置（第一道菜还是最后一道菜），仍然是个悬而未决的问题。

英国

在英国，或简或繁的沙拉出现在各个阶层的餐桌上。17世纪晚期，英国上层社会喜欢吃所谓的大沙拉（grand sallets）——一种室温下的蔬菜菜肴，与蔬菜加调味汁的简单沙拉完全不同。大沙拉的食材之多，肯定让用餐者眼花缭乱，无从下手。大沙拉的食材包括各种各样的泡菜、酱肉和彩色果冻，一道菜绝对可以顶一顿饭。这种大沙拉，像是诗人、作家杰维斯·马卡姆所写的那些沙拉，或者罗伯特·梅在《烹饪大师》中介绍的一些复杂沙拉，看起来一定蔚为大观，吃进肚里堪称挑战，做起来所费不菲。在《沙拉详考》中，约翰·伊夫林极力推荐另一种简单得多的沙拉，只要买得起食材或有种植条件就可以享用。

简单和繁复，这两种沙拉传统一直延续到18世纪和19世纪。在英国，一些综合沙拉被称为“大拼盘”（salmagundi或salamongundy）。英国烹饪作家汉娜·格拉斯（Hannah Glasse）在《简明烹饪艺术》（*The Art of Cookery Made Plain and Easy*，1747年）一书中给出了几种大拼盘的食谱，“你可以天马行空，随时用手头的食材做出一个大拼盘”。可用的食材包括切成细丝的生菜或卷心菜、鸡肉片（白肉）和鸡肉块（鸡腿肉）、去骨鳀鱼、煮老的鸡蛋、腌洋葱、欧芹碎和油醋调味汁。

清淡的蔬菜沙拉已成为日常饮食的一部分，文学作品偶然提及时，也无须特别解释。在以19世纪初上流社会为背景的《傲慢与偏见》中，简·奥斯汀就提到用酱汁给沙拉和黄瓜调味。仅有生菜的沙拉可能有点过于简单了，黄瓜可以增加一点嚼头儿。当然，那个时代还不太接受番茄，尤其是生番茄。

同一年，受欢迎的演讲人悉尼·史密斯（Revd Sydney Smith）牧师，同时是学者、主教助理牧师，在享受乡村生活之际，创作了一则押韵的食谱，表达了对沙拉和沙拉酱汁的喜爱。那种酱汁适用的是冬季沙拉，还带有点诗情画意，包括盐、油、醋、芥末、鸡蛋黄、洋葱和鳀鱼酱，体现了英国富裕阶层享用精心调制的沙拉的愉悦（完整食谱见第173—174页）。这份食谱的最后两行反映了沙拉地位的显著上升：

> 绿海龟不好吃，鹿肉嚼不烂，
>
> 火腿和火鸡也都差得远，
>
> 美食家吃完却放豪言——
>
> 命运能奈我何，今天我已享美餐。

换言之，沙拉配上上述沙拉酱汁让人心情愉悦、大快朵颐，可以弥补火腿和火鸡肉火候不到的不足。

70年后，数千英里之外的美国，南北战争刚刚结束，幽默作家弗雷德里克·斯瓦特沃特·科森斯（Frederick Swartwout Cozzens）塑造了一个“博学”人物——布什威克博士（Dr. Bushwhacker）——他对包括生菜和沙拉在内的许多食物都有自己的看法。布什威克博士同意史密斯牧师的看法，将后者撰写的上述沙拉食谱的一个版本讲给朋友们听。布什威克博士也认为，生菜几乎是不可不放的基础食材——难道还会有其他的吗？“生菜（*Lactuca*或者lettuce）是世界上最常见的蔬菜之一，”他写道，“陛下，众所周知，生菜自古以来就是人们餐桌上的常见菜，像今天一样。吃起来也很简单，先生，用油和盐调味就行。”

法国

在法国，情况大不一样。17世纪，法国出现了一场烹饪革命，但沙拉没有在其中发挥什么作用。弗朗西斯·皮埃尔·德·拉·瓦雷纳（François Pierre de la Varenne）撰写，出版于1651年的菜谱和烹制指南《勒弗朗西斯厨师》（*Le Cuisinier françois*）详细介绍了沙拉。这种新出现的法国食物成为一种极大地改变法国烹饪风格的菜肴。拉·瓦雷纳是当时社会与军事地位显赫的于克塞尔侯爵（Marquis d'Uxelles）的首席厨师。于克塞尔侯爵是勃艮第贵族、路易十四的枢密院成员。拉·瓦雷纳的这本书主要是供同行借鉴的。他的烹饪抛弃了中世纪文艺复兴时期香料浓郁的方式，强调一道菜中各种食材天然味道的协调与平衡，而不是强调每种食材的味道。做肉汤时，不能将切碎的欧芹、香葱或百里香单独放入锅里，而是将多种香草扎成一束放入锅中，使得所有味道融合。香草用过之后即捞出丢掉。

因此，尽管当时也有综合沙拉的食谱，但是生菜、苦苣、芝麻菜等清淡的沙拉蔬菜，单独用的话，不大可能得到人们的关注和认可。因此，沙拉蔬菜要么用作装饰，要么用作配菜和其他食材一起下锅，起到提味的作用。例如，生菜在《勒弗朗西斯厨师》一书中频频出现，有时候给青豌豆、鸡肉等菜做装饰（有时候需要将生菜焯水）；有时候用作汤羹（如豌豆泥生菜汤）的食材；或者与其他生蔬菜、香草一起切碎，煎蛋卷时放进去，让蛋卷有浓浓的蔬菜味。

“生菜叶可以给各种各样的浓汤做点缀，”拉·瓦雷纳写道，“将生菜叶焯水、洗净，跟最好的肉汤一起在锅里煨。赶上吃肉的日子，就在清汤里加点肥肉调味；不吃肉的日子，加一点黄油进去。生菜煮熟后，马上从中间撕开，放入浓汤中做装饰。”不过，《勒弗朗西斯厨师》中缺少基础沙拉的食谱，这并不意味着没人吃这种沙拉。肯定有不少人吃这种沙拉。之所以没有这种沙拉的食谱，原因和先前一样：绿叶菜加调味汁的简单沙拉用不着食谱。

1740年，根据律师、政治家、美食家、作家让-安

LE
CVISINIER
FRANCOIS,
ENSEIGNANT LA MANIERE
de bien apprefter, & affaifonner
toutes fortes de viandes, graffes
& maigres, legumes,
Patifferies, &c.
Reueu, corrigé, & augmenté d'vn
Traitté de Confitures feiches &
liquides, & autres delicateffes
de bouche.
Enfemble d'vne Table Alphabetique des
matieres qui font traittées dans tout
le Liure.

*Par le fieur de LA VARENNE, Efcuyer de
Cuifine de Monfieur le Marquis d'Vxelles,*
SECONDE EDITION.

A PARIS,
Chez PIERRE DAVID, au Palais, à l'entrée
de la Gallerie des Prifonniers.

M. DC. LII.
AVEC PRIVILEGE DV ROY.

弗朗西斯·皮埃尔·德·拉·瓦雷纳撰写的《勒弗朗西斯厨师》首页（1651年初版）。

泰尔姆·布里亚-萨瓦兰的说法，在当时的法国，典型的上流社会十人餐中，第二道肉菜里会有沙拉。沙拉汁一般是油和醋按某种比例混合在一起。布里亚-萨瓦兰还讲述了一则关于奥比尼亚克（Aubignac）先生的趣闻，这位先生是一位客居伦敦身无分文的法国人。一天，在一家小酒馆用餐时，同在那家酒馆用餐的几个年轻人看到了他，让他帮忙调制一份沙拉。要来必要的原料后，这位背井离乡的法国人就开始制作沙拉汁。很快，全伦敦的上流人士竞相请他登门调沙拉汁。

美国

尽管沙拉在欧洲历史悠久，但它蓬勃发展并自成一派却是在美国——不仅作为佐以酱汁的简单绿叶菜，也不仅作为一种汇聚各种食材于一盘的大拼盘，而是作为一道主菜。在南北战争结束之前，新大陆并没有多少有关沙拉的记录。独立战争和后来的内战打断了人们的正常生活，对南方农业造成了毁灭性打击，让沙拉的流行更加困难。尽管如此，非常简单而清淡，而且真正的本土沙拉确实存在——一般就是（从家里的园子里摘的）一把蔬菜，再加点调味汁。一些本土沙拉甚至出现在烹饪书中。早期的沙拉甚至进入了美国酒馆，得到了外国游客的评论。据作家弗朗索瓦·拉伯雷说，早在16世纪晚期，他就在纽约看到沙拉和烤肉一起上桌。

18世纪，布里亚-萨瓦兰在美国旅行时，看到纽约餐馆的菜单上有沙拉。“在身体上和道德上都做好了准备[①]，”他写道，“我们来到那家年久的银行咖啡馆[②]，在那里见到了我们的朋友。晚餐很快就准备好

① 在西方基督教文化中，酗酒不符合道德准则。根据上文，作者要带着两个朋友赴宴，事先叮嘱两个朋友少喝酒多吃菜，故有此说。——译者注

② 因位于纽约银行（Bank of New York）的后面得名。——译者注

美国人发明的有培根、鸡胸肉和奶酪的考伯沙拉（Cobb salad）。

了，有一大块牛肉、一只烤火鸡、（清淡的）水煮菜、沙拉和点心。”尽管布里亚-萨瓦兰觉得不方便详细描述那些沙拉，但桌上的其他菜肴都很清淡，说明做沙拉时一定是有什么蔬菜用什么，可能还用了某种生的绿叶蔬菜，与水煮菜形成鲜明对比。

即便如此，可以做沙拉的蔬菜种类非常多。克里斯托弗·绍尔（Christopher Sauer）是18世纪宾夕法尼亚州一位德裔美国药剂师、印刷工人，他认为有35种蔬菜适合做沙拉，包括卷心菜、苦苣、茴香球茎、水田芥、菠菜、莙荙菜（chard）和小红萝卜。（不可思议的是，竟然没有提到生菜。）适合做沙拉的药草也很多：牛至叶、迷迭香、藏红花（saffron）、夏香草、龙蒿叶和百里香。

绍尔的书《草药疗法：美国首本植物疗法书》（*Herbal Cures: America's First Book of Botanic Healing*）呼应了更早期的“食疗（food-as-medicine）”理念，甚至使用了盖伦的语言来描述和推荐各种蔬

土豆沙拉配欧芹碎。

菜。例如，水田芥的特性温和、干燥，与罗勒一样。“接骨木嫩芽当沙拉吃，有催吐和通便的作用，可以清除黄胆汁、水分和痰液。”绍尔写道。然而仅仅几十年后，科学家们意识到疾病与体液无关，这种方法就过时了。然而绍尔认为，绿色蔬菜，尤其是沙拉中的绿色蔬菜，医疗功效十分明显。“沙拉是一个重要的治疗维度，”他写道，“因为很多药草和绿色蔬菜经过高温后就完全失去了营养和药用价值。”

阿米莉亚·西蒙斯（Amelia Simmons），在1796年撰写的《美国烹饪》（*American Cookery*）中完全没有提到沙拉。谈及卷心菜时，她只提了凉拌卷心菜（slaw）。这可能表明，如果仅仅是绿叶菜拌上调料汁，根本用不着食谱。随着时间推移，美国的烹饪体系不断丰富，沙拉也得到了发展。不仅沙拉中的食材更加多样，吃沙拉的地点、时间和目的也在变化。沙拉可以作为第一道菜、配菜、倒数第二道菜，甚至可以代替正餐。19世纪中期，沙拉食谱开始出现在美国的烹

1947年，电影明星埃丝特·威廉斯（Esther Williams）在洛杉矶德尔玛酒店（Del Mar Hotel）制作沙拉。

饪书中。1832年，波士顿女管家N.K.M.李夫人（Mrs N.K.M. Lee）在《厨师秘籍》（*The Cook's Own Book*）中简洁明了地描述了简单的绿色沙拉，建议用一种现在仍然有人推荐，但不太常用的方法来调味：将调味汁从沙拉碗的边缘倒入，而不是直接浇在沙拉上。1838年，玛丽·伦道夫（Mary Randolph）的著作《弗吉尼亚主妇》（*The Virginia Housewife*）提到人们食用综合沙拉（书中称为“大拼盘”）的传统开始出现。1840年，一份可辨识的早期鸡肉沙拉食谱（鸡肉和芹菜切碎，用油、醋、煮熟的蛋黄泥和英国芥末酱调味）出现在伊丽莎·莱斯利（Eliza Leslie）的《烹饪指南》（*Directions for Cookery*）中。1883年，土生土长的纽约州人埃玛·派克·尤因（Emma Pike Ewing）不惜用她的《烹饪手册（第三卷）》（*Cookery Manual No. 3*）整本书篇幅介绍“沙拉与沙拉制作”。不过，当时沙拉的定义已经有所扩展，将水果沙拉、蔬菜沙拉、鱼沙拉、肉沙拉和什锦沙拉也囊括其中。

20世纪早期，沙拉的内容大大丰富起来。以绿色蔬菜为基本食材的简单沙拉继续流行，食谱层出不穷，而另一种得到著名烹饪学校认可的新式沙拉正在酝酿。玛丽·J. 林肯（Mary J. Lincoln）在她1900年出版的烹饪书中继往开来，不仅提供了一种煮熟后冷却并与调味汁一起上桌的绿色蔬菜沙拉，还描述了另一种沙拉："龙虾、牡蛎、鲑鱼和其他煮熟的鱼，清淡可口的肉与生菜、水芹或芹菜、沙拉汁拌在一起。"

1907年，多产的烹饪书作家莎拉·泰森·罗雷尔（Sarah Tyson Rorer）在她的著作《250个最佳食谱》（*Best 250 Recipes*）中，用了一整章来介绍沙拉。这一章提到的第一个食谱就是生菜沙拉。据她所说，她最喜欢的沙拉组合是生菜、卷心菜、煮熟的甜菜根薄片、芹菜籽、盐、胡椒粉、薄荷酱、洋葱汁、酱油或伍斯特沙司、蘑菇番茄酱、大蒜、橄榄油、葡萄醋或龙蒿醋。1912年，她专门写了一本关于沙拉的书——《新式沙拉：针对正餐和宴会》（*New Salads for Dinners,*

在世界各地广受欢迎的恺撒沙拉。

20世纪初，奢侈的沙拉中可能有龙虾肉。

Luncheons, Suppers and Receptions)。(她还写了关于冰激凌、剩饭菜、鸡蛋、汤和三明治的书。)她提出的沙拉做法现在依然适用:

> 正餐沙拉采用精心烹饪或生的绿色蔬菜,用大约四五份油兑一份醋的法式沙拉汁调味,用调味品去抵消……大蒜或洋葱的些许味道……加一两滴伍斯特沙司。

按照她所认为的法式沙拉做法,罗雷尔还告诉人们,沙拉应该在什么时候调味(上桌前的最后一刻),添加调味料应该按照什么顺序:先是放盐和胡椒粉,接下来用接触过大蒜的勺子放油,最后在调拌的时候加醋。

范妮·法默(Fannie Farmer)更进一步,在1896年的《波士顿烹饪学校烹饪书》(*The Boston Cooking-school Cook Book*)中分别介绍了简单沙拉和综合沙拉这两大类沙拉。在“沙拉”一章中，她说沙拉“现在的制作方法各式各样，层出不穷，食材用肉、鱼、蔬菜（使用一种蔬菜，也可以多种蔬菜组合在一起）或水果，再加上调味汁”。很快，那些压根儿和传统沙拉无关的食物都自诩为沙拉，并进入了烹饪书：水果沙拉、派对和甜点沙拉、模制沙拉、蔬菜沙拉、通心粉沙拉、米饭沙拉、肉沙拉、家禽沙拉、海鲜沙拉——还有本世纪稍后出现的金枪鱼沙拉、鸡肉沙拉、虾肉沙拉、鸡蛋沙拉和蛋黄酱沙拉。

兴起于19世纪末的家庭营养科学运动，得到了波士顿、费城和纽约知名烹饪学校的支持，其倡导者对基础的绿色蔬菜沙拉不屑一顾，认为那些沙拉过于随意——毫无章法，不够美味或科学。他们觉得，没有调拌摆放得整齐漂亮的沙拉都是有瑕疵的。如劳拉·夏皮罗（Laura Shapiro）在她思想深邃的作品《完美沙拉》（*Perfection Salad*, 1986年）中解释的那样，“有些沙拉就是一堆乱糟糟的生食材，明显不够精致”。书中的很多沙拉食谱既使用了绿色食材，也使用了其他食材，但每道沙拉都非常精致——不像量大实在的传统综合沙拉。书中的那些沙拉更加规整，更加有型，有的包在生菜叶中，有的放在掏空的红辣椒圈里或挖空的西红柿里——甚至还用了明胶（gelatine）。

这种对食物成分和外观的强调是那个时代的典型特点。到了20世纪中期，自古流传下来的对蔬菜的警惕态度终于消失了，沙拉成为一种日常食物，像汤和甜点一样。

味道清淡或不清淡的沙拉都继续受到人们的喜爱。有些沙拉仅仅是几种蔬菜混合在一起——因此菜单上的“什锦沙拉”（mixed salad）随处可见——还有些沙拉甚至只有生菜（偶尔点缀着胡萝卜丝和番茄瓣），通常作为配菜或开胃菜上桌。其他沙拉，比如主厨沙拉（chef's salad），更像是一道真正的主菜，现在将这些沙拉归为“主菜沙拉”，而不是“综合沙拉”或

核桃、芹菜、苹果、葡萄与酸奶制成的
华尔道夫沙拉。

“大沙拉”。还有一些沙拉被当作低热量食物而推荐食用，比如先前的“慧俪轻体计划”（WeightWatchers programmes）推荐的沙拉——用一小罐金枪鱼罐头当拌料的一盘绿色蔬菜。

1964年，《家政教师最喜爱的食谱》（*Favorite Recipes of Home Economics Teachers*）一书认为绿色蔬菜应该是所有沙拉的主要成分。“沙拉的用途几乎和沙拉的种类一样多。”作者写道：

> 一般来说，沙拉分量中等，用作佐餐，味道清淡，容易消化……在用绿色蔬菜做成的基底上放些酸水果丁或海鲜来开胃，这样的沙拉常常是第一道菜……大分量的沙拉——一般是肉、禽肉或海鲜，配上新鲜的生蔬菜或煮熟的菜——本身就是一顿饭了，可以当作主菜……甜沙拉有时候作为甜品，用于特殊场合。

比顿夫人（Mrs Beeton）的著作《家务手册》（*Book of Household Management*，1907年版）中的沙拉盘。

当时普遍非常注重食物的成分和外观。无意中，那种方法预示了当今世界的潮流——在理想情况下，在厨师设计的沙拉中，每种食材的视觉和烹饪效果相得益彰还是对比强烈，都是经过精心考虑的。这些沙拉备受青睐，时常有新的沙拉食谱涌现，厨艺杂志每个月都会大张旗鼓地推出新设计的精美时令沙拉。

Salad

A GLOBAL HISTORY

4

20 世纪以来的沙拉全球流行

修道院院长带我走进菜园……绝佳的沙拉，完美的卷心菜，还有在欧洲很难见到的花椰菜和洋蓟。

——J. W. 歌德（J. W. Goethe），18世纪晚期的戏剧作品《葛兹·冯·贝利欣根》（*Goetz von Berlichingen*）

从19世纪晚期开始，特别是在20世纪和21世纪，清淡和不太清淡的沙拉遍及西欧和美国。在春夏季节较短的地区，沙拉中可能有耐寒的蔬菜。时至今日，沙拉在世界各地的餐桌上随处可见——有时只是一把绿色蔬菜，加上油、醋或柠檬；有时则是生的或煮熟冷却的蔬菜组合，搭配用蛋黄酱甚至酸奶油制成的更浓稠的沙拉酱。

在寒冷的欧洲东部和地中海北部，夏季沙拉以绿叶蔬菜为主，但其他季节则依赖耐寒的蔬菜，通常是煮熟后冷却。在亚洲、南亚和非洲很多地区，气候往往不适宜作物生长，因此无法种植绿叶蔬菜——人们也没有兴趣生吃绿叶菜。无论这些地区的沙拉如何制作和上桌，使用的基本都是煮熟的蔬菜。即便如此，很多与沙拉类似的菜肴已经出现，未来也将继续涌现——有时用的是口感较硬的生蔬菜，有时则是煮熟的蔬菜。许多菜系讲究一餐中的菜肴应当呈现出差异，配上沙拉汁的室温蔬菜就可以满足这个要求。在一些国家，当地菜系中的本地食材（比如中国的豆腐和日本的海藻）也被吸收进沙拉形式的菜肴。此外，在当今全球化的世界，出国旅客也会将自己的饮食习惯带到国外，比如对沙拉的喜爱。在一些地方，沙拉可能不属于当地传统饮食文化，但当地人确实已经开始吃了，他们吃的沙拉甚至与西方的沙拉很相似。这在接待国外游客的酒店餐厅中尤为明显——尽管这些地方的沙拉种类不像西欧和北美那样丰富，主要食材也可能有所不同。

东欧和北欧

东欧烹饪体系中的沙拉制作方式与西欧的一些沙拉大抵相同，尤其是在夏季。夏季，东欧各地都有各式各样用油和盐调味的生菜沙拉。一年四季，小红萝卜、甜菜根、黄瓜、大黄（rhubarb）、胡萝卜、切丁的腌黄瓜、蘑菇、莳萝、芥菜籽、红辣椒等东欧本地的蔬菜，相比于意大利和法国，它们更频繁地被用在沙拉中。煮熟后放凉的蔬菜，而不是生的生菜，在东欧也用得更多。严寒时节，制作沙拉还会用到耐寒和煮熟的蔬菜。

在东欧、斯堪的纳维亚半岛和俄罗斯的部分地区，生蔬菜和煮熟后放凉的蔬菜都经常用来做沙拉。以卷心菜为例，生、熟都可以做沙拉，调味汁一般用酸奶油，而不是暖季榨出的橄榄油。位于东欧边缘的德国以土豆沙拉而闻名，通常把油和醋混在一起做调味汁，有时还配上洋葱片和肉汤，不过德国的不同

在气候寒冷的国家，人们还用切成薄片或小块儿的
甜菜根做沙拉。

地区之间也有一些小小的差异。有时候，黄瓜和莳萝会为土豆沙拉增色不少，黄瓜沙拉本身也很受欢迎。沙拉里还可以放香肠。如果能得到羊生菜（Lamb's lettuce），那可是蔬菜沙拉中难得的食材。在瑞典和丹麦，很多典型的斯堪的纳维亚食材都可以做沙拉，如浇了调料汁的黄瓜、土豆、甜菜根、苹果、腌鲱鱼。其中独具风味的是黄瓜沙拉，其成分是腌泡的黄瓜薄片、盐、糖和莳萝。波兰的沙拉不是特别出名，用于做沙拉的蔬菜有土豆、小红萝卜、甜菜根、黄瓜、豌豆、大黄和胡萝卜，以及切丁的小黄瓜、蘑菇、莳萝、芥菜籽、红辣椒和百里香。在保加利亚，出现于20世纪中期的夏普卡沙拉（Shopska salad）颇受欢迎，尤其是在夏季。其原料是番茄、黄瓜、胡椒粉、保加利亚羊乳酪（sirene cheese，类似于传统的希腊羊乳酪“feta”）、洋葱和欧芹，先浇上香醋沙司（vinaigrette），再撒一层磨碎或切丁的保加利亚羊乳酪。这种沙拉在邻近的马其顿、塞尔维亚、波斯尼亚和克罗地亚等地有各

由于保加利亚的气候不能保证绿叶蔬菜的供应，
所以沙拉中经常会出现耐寒的蔬菜。

种版本。在希腊羊乳酪更为常见的地方，它可以代替保加利亚羊乳酪。还有一种保加利亚蔬菜沙拉，由生菜、小红萝卜、黄瓜、白醋或柠檬、春葱和油制成。

土耳其

土耳其东接西亚，西邻欧洲东南部，南靠中东，横跨黑海与地中海，得天独厚的地理条件让土耳其汇聚了来自世界各国众多的饮食传统。沙拉是土耳其人的家常便饭——那里的蔬菜沙拉常常配有胡萝卜片和番茄块儿，有时候还有黄瓜片和春葱，以及马齿苋、蒲公英、菠菜根、欧芹等当地常见食材。这里通常用柠檬汁代替醋调味，或者二者兼用。不过，另有更具土耳其特色的沙拉。“牧羊人沙拉”是很受欢迎的一种特色沙拉，它由番茄、黄瓜、洋葱、欧芹、切片番茄、橄榄油和柠檬汁调拌而成。这种沙拉在土耳其以外的土耳其餐馆里很常见。

土耳其特色：“卡巴”（烤肉）配沙拉。

这里还有一种“绿扁豆布格麦（bulgur）[①]沙拉”，成分大多是番茄或番茄酱、春葱、青椒丁、核桃碎、欧芹、柠檬、莳萝、盐和胡椒粉。用熟蔬菜做的沙拉（土豆、胡萝卜、豌豆、煮熟的鸡蛋、欧芹、盐和胡椒粉）可能用白葡萄酒醋和橄榄油调味，而不是柠檬汁。

土耳其沙拉不是配菜或开胃菜，大多直接与耐嚼的面包一起吃。无论怎样吃，土耳其沙拉都与作为主菜的大鱼大肉形成了鲜明对比。很多菜虽然比蔬菜沙拉难消化得多，但也叫沙拉。这些“沙拉”的主要成分很耐咀嚼，如熟土豆、白豆或茄子。例如，白豆沙拉除了煮熟的白豆，还有欧芹、西红柿、洋葱、胡椒粉、橄榄油、柠檬汁，偶尔还有煮得很老的鸡蛋。绿扁豆布格麦沙拉一般在午餐时吃，可能还会放碎核桃、春葱、

① 将煮至半熟的小麦晒干并碾碎，散发淡淡的坚果香，是一种重要的中东食品。——译者注

青椒、西红柿、罗勒、胡椒、柠檬、欧芹、莳萝。夏季，正餐中也会有新鲜的水果沙拉。

西班牙

鲜有哪个国家像西班牙一样，受到如此多元饮食文化的影响——罗马文化、阿拉伯文化、伊斯兰文化、犹太文化都带来了各自的饮食习惯、禁忌、农作物和家畜，各种饮食文化极大地影响了当今的所谓西班牙饮食。数个世纪后，从新大陆带回来的蔬菜也成为西班牙饮食的一部分，其中有玉米、土豆、番茄、南瓜和牛油果，丰富了西班牙的餐桌。这些食物传入西班牙的时间要早于欧洲其他国家。

然而，典型的西班牙食物和从各种传统中沿袭并创新的菜肴，大多是熟食。沙拉不仅受到历史的影响，还与土地、气候因素有关，制作者的想法当然也很关键。当今的西班牙是欧洲和美国一些最具创意的菜肴的源头，这里的沙拉既体现了该国饮食传统，也反映了西班牙在当今烹饪界的翘楚地位。安雅·冯·布莱姆岑（Anya von Bremzen）的著作《新西班牙饮食》（*The New Spanish Table*, 2005年）在这两方面都提供了实例：土豆沙拉配甜洋葱、一种皮很薄的意大利长甜椒（frying pepper）、番茄浇上特级初榨橄榄油、陈年雪莉酒醋，用米饭、虾、蚕豆制作的安达卢西亚[①]沙拉（Andalusian salad），意大利菊苣沙拉（frisée salad）配上意式腌肉、梨、蜂蜜、橄榄油和红酒醋，法式杂菜沙拉（mesclun salad）加无花果、卡伯瑞斯干酪（Cabrales cheese）、蜂蜜、橙汁、青葱（shallot）[②]、橄榄油和红酒醋。在克劳迪娅·罗登（Claudia Roden）的《西班牙美食》（*The Food of Spain*, 2011年）一书中，

---

① 西班牙南部的一个地区。——译者注

② 一种洋葱，根茎个头较小，呈椭圆形，表皮颜色多样，从浅褐色到红色都有，肉大多是灰白色，略带绿色或粉色。——译者注

可食用的花朵让沙拉更加精致。

沙拉用的绿色蔬菜往往生长在俄罗斯郊外宅第附近，
比如乌德穆尔特共和国伊热夫斯克地区的这一处。

有一道沙拉是将各种蔬菜煮至软嫩，再加橄榄油、白葡萄酒醋或柠檬汁、欧芹碎、番茄、煮老的鸡蛋；另一道沙拉是烤红辣椒，番茄拌橄榄油，加上蒜末；还有两种烤蔬菜沙拉，一种是番茄配上橄榄、鸡蛋和金枪鱼，一种是红辣椒、未去皮的小红洋葱或小白洋葱配橄榄油、柠檬汁、莳萝籽和黑橄榄。厨师何塞·安德烈斯（José Andrés）在他的著作《西班牙小菜》（*Tapas*）中提供了多种菊苣沙拉的配方：一种要加血橙、山羊乳干酪、杏仁和大蒜，另一种放番茄、青椒、黄瓜配上金枪鱼，还有一种加伏令夏橙（瓦伦西亚橙）、石榴、某种橄榄油、雪莉酒醋调味汁。

俄罗斯

俄罗斯的天气特点让该国的沙拉爱好者只能选择不依赖漫长夏季的蔬菜。比如，腌甜菜根、腌紫甘蓝细丝都可以做沙拉；黄瓜配上春葱和莳萝，甚至胡萝卜搭配苹果也是一道沙拉。用茄子做沙拉时，一般会用切碎的洋葱、欧芹和大蒜，再加上柠檬汁和橄榄油做调料。甚至德国酸泡菜（sauerkraut）（沥干后）也可以做成沙拉。如果弄得到番茄和黄瓜，拌上酸奶油或者橄榄油和醋，就是一份沙拉。生菜有时候也做成沙拉，调料汁用的是酸奶油，或者是橄榄油和醋，这大概是从为俄罗斯贵族掌勺的法国厨师那里流传下来的做法。

亚洲

西方沙拉与中国烹饪风格格格不入——中国菜的调味品、香料和烹饪方法与清脆爽口的生蔬菜拌沙拉汁毫无共同之处。“中国人很少吃生蔬菜，因此没有吃沙拉的传统。”格洛丽亚·布莱·米勒（Gloria Bley Miller）在其所著的《千道中国菜做法》（*The Thousand Recipe Chinese Cookbook*, 1966年）中讲道。

如果把蔬菜和酱汁一起端上桌—— 像沙拉那样——蔬菜往往是焯过水的蔬菜，而不是生蔬菜，这样可以同时突出蔬菜和酱汁的味道，甚至让酱汁的味道更为突出。（西式油醋汁有一种霸道的特性，会模糊或掩盖蔬菜的味道。）给焯水或做熟后冷却的蔬菜上加的调料汁，是酱油、醋、盐、大豆油或香油的各种组合，有时候还有磨碎的鲜姜。甚至还有一种中国版的蛋黄酱，其成分是鸡蛋、番茄酱，偶尔还有芥末。蔬菜浇上调料汁，冷却数分钟后才端上桌，而西方沙拉的理想做法是在上桌前最后一刻才放沙拉汁。

在日本料理中，许多传统食材都出现在现代沙拉中，比如海藻、豆芽、黄瓜、卷心菜、白萝卜、水菜和日本甘薯（sumaimo，一种红薯）。香油和米醋经常被用来调沙拉汁，还有味噌[①]、酱油、蛋黄酱、柠檬（常用

---

① 又称面豉酱，是以黄豆为主原料，加入盐及不同的种曲发酵而成。在日本，味噌是最受欢迎的调味料之一，它既可以做成汤品，又能与肉类烹煮成菜，还能做成火锅的汤底。——译者注

于鱼沙拉）和姜（虽然不与柠檬同时放）。各种调料通常在使用前要掺在一起，让味道融合。清爽的日式沙拉包括：用米醋、糖、盐调味的海藻黄瓜沙拉；加酱油、米醋、香油、糖、盐的粉丝黄瓜沙拉；白萝卜裙带菜海藻（wakame seaweed）沙拉，配上水菜（mizuna greens）、萝卜芽[1]以及由酱油、醋、香油、糖做成的沙拉汁；黄瓜虾沙拉；海藻黄瓜沙拉。鱼沙拉也很受欢迎，一般搭配亚洲蔬菜与某种日本面条，特别是对虾。与日本各种艺术一样，那里的沙拉非常精美。辻静雄（Shizuo Tsuji）在《日本料理：简单的艺术》（*Japanese Cooking: A Simple Art*, 1980年）一书中提到一种精致考究、味道浓郁的开胃白沙拉，其食材是用鱼汤、酱油、味醂（mirin）炖的香菇和鸡胸肉片，以及腌黄瓜、胡萝卜片、蒟蒻果冻、盐、糖、酱油和一种用豆腐、芝

---

① 萝卜（一般是白萝卜）种子经过多次浸水后长出来的嫩芽。——译者注

亚洲沙拉通常以当地的绿色蔬菜为特色，例如图中的日本海藻。

麻酱或芝麻籽、糖、酱油、米醋、味醂做的白色酱料。

印度

印度幅员辽阔，气候与地理状况复杂，文化、种姓和阶级差异极大，饮食习惯与口味偏好不胜枚举。1848年至1947年的英国统治也在印度的一些饮食习惯上留下了印记。在印度，沙拉是那些可以负担非必需食物的家庭的额外选择，通常与其他饭菜一起上桌。

尽管如此，室温下的食物与全国各地做熟的菜肴形成了鲜明的对比。在德里长大的演员、美食作家玛德赫·杰佛里（Madhur Jaffrey）曾愉快地回忆吃生蔬菜的经历，诸如加香料的胡萝卜丁，配上芥末油、香草、盐和柠檬汁，有时还有青椒、切块的豆角、椰子或绿豆。甜菜根或任何可以擦丝和切碎的蔬菜也是使用类似的做法。“饭桌上总会有这样的东西，”她回忆道，“你会洗洗手，然后用手指抓一点，埋头

印度的黄瓜花生沙拉。

大吃。沙拉提供了与正餐不同的风味与口感，以及维生素。它美味可口，你可以早早地吃到自己想吃的东西。”

印度各地的沙拉传统各不相同，即使是同一种沙拉组合，在语言不同的地区也有不同的名称，这自然与当地种植的蔬菜有关。常见的沙拉食材包括切碎的黄瓜、胡萝卜、青椒、西红柿、椰子、油、醋或青柠汁和芥末籽，在印度南部还有罗望子果和大蕉。腌菜也可以在正餐中吃，当作熟食的调剂。沙拉里有时候还放小扁豆，比如一种用胡萝卜、孜然籽、椰丝、香菜、柠檬汁、姜、糖、盐和胡椒粉做的沙拉。就连生洋葱片，只要加入柠檬汁、香菜和混合香料玛莎拉（chaat masala），也可以做成沙拉。时令水果沙拉与酸奶和米饭拌在一起，有时候也很受欢迎。实际上，酸奶，准确地说是叫作“莱塔”（raita）的印度酸奶酱——一种有多种时令风味的酸奶，经常被用作多种沙拉的基底（而不是酱汁）。比如这种用剁碎或切丝的蔬菜、煮熟的豆类或水果做成的沙拉。这种沙拉是凉菜，可以作为热菜的佐菜。在印度南部，以莱塔酱为基底的沙拉的主要食材有秋葵、番茄、甜菜根和罗望子果。在印度南部的部分地区，西米（sago）也可以作为沙拉食材。

在印度和巴基斯坦之外，本地菜肴里的常见食材经常用于西式沙拉，这就出现了唐杜里[①]鸡沙拉、小扁豆沙拉、咖喱沙拉酱、莳萝或罗望子味道的香醋沙司。

拉丁美洲

拉丁美洲种类繁多的热带水果和蔬菜是当地沙拉中的明星，为餐馆厨师和家庭主妇广泛采用。豆薯（jicama）、芒果、牛油果、芝麻菜、仙人果、玉米、香

---

① 唐杜里是一种在泥炉中的炭火上烹制食品的方式。——译者注

菜、棕榈心，甚至仙人掌叶都可以做沙拉，还有来自哥伦比亚、阿根廷和智利的藜麦、豆类或土豆。大众喜爱的沙拉组合：豆薯配上黄瓜和酸橙，仙人掌果配上柑橘和薄荷，水田芥、棕榈心配上樱桃番茄，唐莴苣（Swiss chard）配上芥菜，牛油果几乎可以搭配一切。这些沙拉的调味汁往往也要用热带食材，比如青柠汁、石榴糖蜜，有时还会用到当地蜂蜜。

很多南美国家都有自己版本的克里奥尔沙拉（criolla salad）作为配菜。在阿根廷，这种沙拉的食材包括生菜、洋葱、番茄，往往还有阿根廷香辣酱（chimichurri sauce）。在秘鲁，它的食材则包括红洋葱和黄甜椒。各种豆子——无论是红色、白色、黑色，还是绿色豆子——在很多南美沙拉中扮演着重要角色：古巴的鹰嘴豆、秘鲁索尔特里托沙拉（solterito）中的蚕豆（这种沙拉里有时候还有马铃薯、辣椒）。豆子、玉米和辣椒也一起出现在一些墨西哥沙拉中，牛油果、豆薯和仙人掌叶也是如此。尽管这些食材能买

鸡肉塔可（taco）[1]沙拉。

① 一种用玉米和鸡蛋做成的墨西哥薄饼，裹着肉、蔬菜和辣椒酱吃。——译者注

到罐装的，但必须先沥干水分再用冷水冲洗。墨西哥沙拉有时会用酸橙汁调味，而不用柠檬或醋。水果沙拉在墨西哥也很受欢迎。在墨西哥的一些城市里，街头小贩就出售水果沙拉，顾客随要随做。这种沙拉的食材会随季节变化而有所不同，主要是香蕉、苹果、草莓、葡萄干、椰子肉和柑橘。除了炼乳、酸奶和酸橙汁，水果沙拉有时候还用豆薯、黄瓜来提味，最后撒上辣椒粉。

说一说墨西哥牛油果沙拉（guacamole）。严格地说，它不是沙拉，只是用了类似的食材，为正餐提供了一种类似沙拉的调剂品。虽然牛油果沙拉存在多种几乎很难说清楚差别的版本，但戴安娜·肯尼迪（Diana Kennedy）还是在《墨西哥烹饪艺术》（*The Art of Mexican Cooking*，1989年）一书中列出了它的食材：牛油果、白洋葱碎、番茄碎、塞拉诺高山椒（serrano chilli），最后再撒上一层白洋葱碎、番茄碎和香菜。

夏威夷是美国的第49个州[1]，然而相较于北美，夏威夷的沙拉与拉美的共同之处更多。因其优越的气候与地理位置，夏威夷州盛产鱼、木瓜、芒果和其他热带水果，这些都是沙拉中的重要食材。那里丰富多样的饮食文化也体现在沙拉酱上。那里的沙拉酱可能广泛使用酱油、日本醋、芝麻油、味醂和蛋黄酱。海岛水果沙拉可以选用木瓜等热带水果，也可以选用来自温带气候的水果，比如苹果和梨。

① 夏威夷是美国的第50个州。——译者注

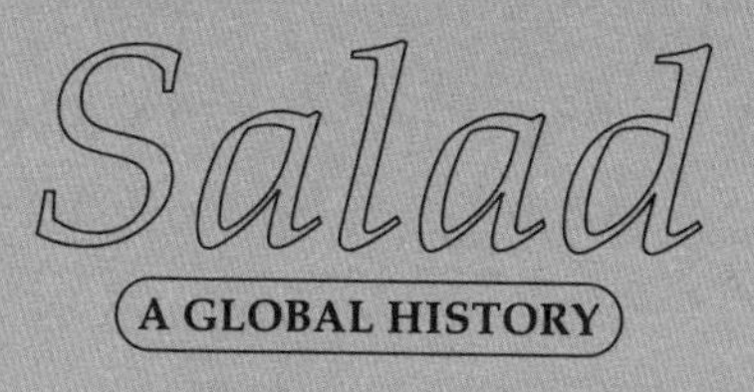

5

蛋黄酱：商业化的沙拉酱汁

沙拉好吃的秘诀是多加盐，使劲儿放油，再放一点醋。

——贾科莫·卡斯泰尔韦特罗，1614年

数百年以来，沙拉都是用盐、油和醋调味——早至古罗马时代就是如此。这个传统延续了好几个世纪。回想一下贾科莫·卡斯泰尔韦特罗，这位流亡英格兰的意大利人非常怀念家乡的水果、香草和蔬菜，特意写了一本书。在书中的“沙拉的神圣法则”部分中，他详细描述了调味的方法：“给沙拉中多加盐，锅里使劲儿放油，然后放醋，不过醋放一点儿就够了。”

当时，盐、油和醋已经成为西欧主流的沙拉调味方式。大约在同一时期，英国约翰·穆雷尔（John Murrell）在其著作《烹饪新论》（*A Newe Booke of*

精美的玻璃调味瓶，法国，1763—1764年。

Cookery）中提到一份用做熟的蔬菜制作沙拉的菜谱。这份菜谱推荐用油和醋调制沙拉汁，甚至黄油和醋也可以。10年后的意大利，沙拉爱好者萨尔瓦托雷·马索尼奥写道："沙拉的常规调味品是醋、油、盐和……如果有人不用这种酱汁……那他就不会吃沙拉。"大约在同一时期的法国，拉伯雷笔下的巨人高康大喜欢吃用油、醋和盐调味的蔬菜沙拉。这种沙拉汁配方可以用上好几百年。虽然它可能与最初版本的味道不完全一样，甚至与现代版本并不完全一样，但已经很接近了。

今天，虽然基础的油醋汁仍然是不少人的首选，也不难制作，但很多消费者希望有更多选择。有鉴于此，食品业为我们提供了来自世界各地味道各异的橄榄油，还有种类越来越多的瓶装调味汁，风味从蓝纹乳酪到法式奶油酱汁、蜂蜜芥末酱汁等。几乎在任何一家超市都能买到各种风味的沙拉汁。

在这种情况下，人们很容易忘记朴实无华的食盐的重要性，它是最早期沙拉的调味品。即使盘中只有发苦的野菜，盐也一定会让它变得美味可口。食盐是否鼓励了人们试验更多口味的调味品？或许如此，因为到了盖伦的时代，较为标准的沙拉汁通常有咸、酸两种口味，咸味调料汁是鱼酱油（garum）或另一种发酵鱼露，酸味调料汁则由醋、橄榄油等调成。（盖伦在“卷心菜”词条中，推荐用橄榄油和鱼露调味煮熟的卷心菜，但又说只放盐也是一样的。）也就是说，到了中世纪晚期，盐、醋和油已经取代了咸味调味汁，成为数百年来约定俗成的调味方式，虽然可能与现代的香醋沙司不完全一样，但也相差无几了。

随着时间的推移，其他调味品相继问世。19世纪，林林总总的调味品进入家用烹饪食谱。1884年的美国，沙拉烹饪方式的发展已经让埃玛·派克·尤因在《沙拉与沙拉制作》（*Salad and Salad Making*）一书中描述了四种分别适用于不同沙拉的沙拉汁：透明沙拉汁（一般是甜的或酸的，用于水果沙拉，水果沙

为周日午餐的沙拉准备绿色蔬菜，佛罗里达州埃斯坎比亚农场（Escambia Farms），1942年。

拉已经很受欢迎，但与蔬菜沙拉不可互相替代）、法式沙拉汁（由油、醋、盐和胡椒粉制成，有时候还有芥末）、奶油沙拉汁（面粉、黄油和调味品制成的奶油，分甜、咸两种口味；也可以用酸奶油或热奶油），最后一种是以蛋黄酱为基础的沙拉汁。埃玛告诫说，沙拉切忌调味过重。“无论是盐、糖、醋，还是多种调味品的组合，都不应该喧宾夺主，”她写道，“沙拉汁就是沙拉汁——只是一种附属物，目的是让过重的酸味或辣味柔和一些，让沙拉中的果蔬等食材的某些独特之处更加突出或越发独特。这才是沙拉汁真正的作用。”

尽管如此，油、醋和盐的调味法一直延续下来。“三份橄榄油加一份醋，再加一小撮盐和胡椒粉，这就是法式调味的基础——标准沙拉汁，”亨利·凯格勒（Henry Kegler）在1921年的《大型酒店的高档沙拉》（*Fancy Salads of the Big Hotels*）中写道，“所有其他沙拉汁都是在法式调味中另外加入芥末、香料、香草、

奶油酱汁是一种传统的沙拉调味品。

辣椒粉等配料而已。”

大约在同一时期，商业蛋黄酱这种新型美国配料的出现颠覆了沙拉汁的做法。纽约熟食店店主理查德·赫尔曼（Richard Hellmann）是世界上最先预见到这种可能性的人。1912年，赫尔曼开始在曼哈顿的熟食店小范围地出售蛋黄酱——最初是装在容量为一加仑的陶罐里，然后是更小的罐子，再到后来，随着需求的扩大换成了瓶子。他给瓶子贴上了印有三条蓝丝带图案的标签。因为蛋黄酱需求火爆，赫尔曼干脆关闭了熟食店，将蛋黄酱的业务先后转移到曼哈顿市中心和长岛市。经销商和曼哈顿之外的商业蛋黄酱工厂紧随其后，包括芝加哥和旧金山的工厂（分别成立于1919年和1922年）。其他大大小小的厂商也迅速跟进。消费者喜欢这种可以用勺子舀的调味汁。卡夫公司（Kraft）推出的可倒式调味汁也受到了欢迎，这种调味汁始于1925年推出的法式调味汁和1933年推出的卡夫奇妙酱（Kraft Miracle Whip）。

"AND ANOTHER THING, MATILDA..
Don't you dare serve Daddy's salads with anything but real mayonnaise!"
"I HEARD Daddy say to Mummy, 'Thank heavens you're using Hellmann's Real Mayonnaise again. I can tell in a second the difference from ordinary dressings!'"
Of course he can! Hellmann's is so much richer and creamier . . . so much more full-bodied. For real mayonnaise like Hellmann's is made differently. It contains only choice salad oil, freshly-broken eggs, special vinegar and imported spices. No starchy fillers. It's all mayonnaise. And it's double-whipped for that marvelous creamy smoothness.
So, why not ask your grocer for Hellmann's Real Mayonnaise? It costs but a trifle per salad . . . And makes your salads so much more delicious!
Delicious variations made with Hellmann's
Because Hellmann's is real mayonnaise—richer, creamier, more full-bodied—you can vary it to suit any salad. Try blending it with milk or cream, chopped pickles, fruit juices . . . or with dozens of other ingredients. But remember—you can do this successfully only with real mayonnaise—Hellmann's.
HELLMANN'S
MAYONNAISE
The BEST FOODS, Inc.
HELLMANN'S
REAL MAYONNAISE

赫尔曼的蛋黄酱广告。

之前的很多沙拉都调入了家庭制作的蛋黄酱，商业蛋黄酱让事情大大简化。那个时期的美国烹饪书也体现了这一点。例如，艾尔玛·S. 朗鲍尔（Irma S. Rombauer）的著作《烹饪之乐》（*Joy of Cooking*）1931年的版本，沙拉部分的食谱从生菜沙拉开始，还有用绿色蔬菜和其他蔬菜做成的相对标准的沙拉，但很快就写到了更新式的沙拉，比如用蛋黄酱调味的马铃薯沙拉，加蛋黄酱或法式调味汁的黄瓜菠萝沙拉，以及可选加蛋黄酱的甜瓜松软干酪沙拉。

随着商业蛋黄酱的发展，沙拉不再是一道二选一的选择题——简单的或混合的。出现了单一食材配蛋黄酱的沙拉，从而创造了一种沙拉的“同族”（salad sibling）。19世纪的美国，鸡肉加一种香醋沙司的沙拉早已存在，但商业蛋黄酱扩展和改变了很多可能性。其结果是出现了没有绿色蔬菜的“沙拉”。虽然没有常见的沙拉蔬菜，但这些沙拉富含蛋白质（煮老的鸡蛋、虾，或者它们中的佼佼者罐装金枪鱼）、淀粉（土

赫尔曼蛋黄酱，自1912年开始销售。

豆、通心面）、蔬菜（豆角、黄瓜）和蛋黄酱。这些沙拉中通常还会放上一点芹菜碎，这是19世纪的鸡肉沙拉习惯加的东西，可以给沙拉增加点有嚼头儿的新鲜口感。这些沙拉都不是传统沙拉——既不属于简单沙拉，也不属于综合沙拉。但这已经无关紧要了，这种新式沙拉的标志是调味料。

不久之后，在蛋黄酱的基础上，商业调味料的版图扩展到俄罗斯酱、千岛酱（加泡菜调味料和番茄酱）等风味（更甜的）酱料，以及“绿色女神”沙拉酱（酸奶油、细香葱、龙蒿叶、柠檬汁，有时还有细叶芹和鳀鱼）、田园沙拉酱（酪乳、盐、大蒜、香葱、欧芹和莳萝，有时再加上奶油或酸奶）。如此这般，在油醋汁的基础上添加的各种风格和口味的异国风味调味料——辣椒粉、蜂蜜芥末、米酒、芝麻，素食品类和豆类酱汁等——被陆续开发，受到消费者的热捧。

有些家庭喜欢使用这些瓶装酱料，省去了油和醋。虽然还有很多家庭厨师和餐厅大厨想要重拾传统

巴格比与布朗内尔（Bugbee & Brownell）沙拉酱的广告卡，1870—1900年。

“绿色女神”沙拉酱，在蛋黄酱中放入香草、鳀鱼和酸奶油。

的沙拉酱汁配制方法，但这些人日渐成为小众群体。最初始于在家里用盐、油和醋简单混合的沙拉汁，演变成为摆满商店货架的品牌酱汁，这些酱汁的甜味和咸味更重，卡路里含量也更高。

如今，沙拉酱的发展没有放缓的迹象。“美食网络”（Food Network）频道鼓励家庭厨师们“让工作日晚上的沙拉焕然一新”，给出了多达50种的沙拉汁做法，其中包括比较中规中矩的，比如经典的香醋沙司、小酒馆培根沙拉汁、地中海沙拉汁、第戎沙拉酱和意式奶油沙拉酱；还有一些令人大跌眼镜的，像是枫糖核桃沙拉酱、巧克力香醋汁和覆盆子沙拉酱。颇受欢迎的杂志《烹饪之光》（*Cooking Light*）也刊登了一种经典香醋沙司的做法，以及加了四种香草的“绿色女神”沙拉酱、蒜蓉辣酱、蔓越莓油醋汁、奶油恺撒沙拉酱、蓝纹奶酪酱、香草柠檬酪乳、芝麻姜酱、核桃油酱、茴香橙酱、辣椒香菜酱等。

这还只是开始。

Salad
A GLOBAL HISTORY

6

明星菜肴

怎样做沙拉？不需要什么高深的知识。找些新鲜爽口的蔬菜，再好好选几种配料，加入味道浓郁的沙拉汁拌匀。就这么简单。

——克里斯·施莱辛格（Chris Schlesinger）、约翰·威洛比（John Willoughby），《厨房中的生菜》（*Lettuce in Your Kitchen*）

自古代特权阶层将生菜叶蘸着发酵的鱼酱油吃开始，沙拉走过了漫长的发展历程。时过境迁，沙拉如今已经成为一种大众喜爱的主流餐食，几乎每家饭店和自助餐厅的菜单上都有各种各样的沙拉可供选择，大多数普通烹饪书都有相当大的篇幅来讲述沙拉。人们对生蔬菜长达数个世纪的谨慎态度荡然无存，其含有的丰富维生素、抗氧化物质和纤维素备受人们青睐。

西班牙马略卡岛一个市场中售卖的
沙拉食材——蔬菜和水果。

人们认为吃沙拉是自控力强的表现，因为如果有人说“我刚吃了沙拉”——意思就是没有吃那些理论上热量很高的三明治，也没有吃整餐[①]。在专门经营沙拉的外卖连锁店中，有各式各样（蔬菜的与非蔬菜的）食材和调味汁。

同时，随着人们越来越注重素食主义和纯素饮食，沙拉自助台和餐厅沙拉菜单大量涌现——不仅是在美国和英国。在许多欧洲城市——巴黎、罗马、柏林、哥本哈根、维也纳，甚至格但斯克——很多店名非常直白的餐馆也不会再让人大惊小怪，比如巴黎的“蔬菜更好”（Green is Better），柏林的“沙拉与朋友”（Saladette and Freunde），维也纳的“美味蔬菜爱好者餐厅”（Sweet Leaf Community Café）。在亚洲和非洲的饮食体系中，沙拉是个时髦事物，不过这些

① 英文是full meal，指的是包括开胃菜、主菜和甜点的一顿饭。——译者注

地方也出现了西方概念的沙拉——往往是对当地特定饮食习惯的调整，或者是西方沙拉的本地版。像酒店餐厅这种必然要接待国际顾客的场所，菜单上往往会有西式沙拉。世界各地的厨师都把沙拉当作一个可以发挥其创造性的诱人平台。

也就是说，不管在哪里，绿色蔬菜和味道浓郁的沙拉汁仍旧是厨师发挥水平的起点，通常用的是新鲜的绿色蔬菜，不过有时候也是煮熟后凉凉的。随着农夫市场数量的增加——2014年，英国大约有550个农夫市场，美国的数字是8268个（1994年为1755个）——并且沙拉食材的供应量越来越大，远远超出了装在包装盒中的工业化种植的生菜和番茄，因此制作美味的沙拉比以往任何时候都更容易。一些食材在英、美两国早已流行了几十年，如番茄、洋葱、菠菜、水田芥、欧芹、薄荷、春葱、韭黄和胡萝卜。不过，还有很多食材是现在才变得常见的，比如甜椒、牛油果、芝麻菜、苦苣、各品种的豆芽和水芹、茴香、莙荙菜，

爱德华·维亚尔（Édouard Vuillard），《带沙拉碗的静物画》（*Still-life with Salad Greens*），约1887—1888年。

甚至还有当季的可食用花。当然，新鲜的百里香、龙蒿叶、罗勒、牛至叶也是近几年才买得到的。曾被认为是外来蔬菜的小洋蓟（baby artichokes）、芝麻菜等食材出现在杂货店货架上，亚洲和非洲蔬菜也能在英、美两国的许多特产市场中买到，这些已经不足为奇。

对于赶时间或者就是不想花时间准备食材的人来说，风靡美国、英国、欧洲甚至日本的即食塑料袋装蔬菜可以让你随时做出各种沙拉。这些袋装蔬菜可以做各种各样的沙拉——美式杂菜沙拉、意大利杂菜沙拉（Italian blend）、春季混合沙拉（spring mix）、嫩蔬菜沙拉、羊生菜（mache）沙拉、罗马生菜沙拉、紫叶菊苣沙拉、芝麻菜沙拉、卷心菜式蔬菜丝和亚洲蔬菜沙拉。这些产品让消费者自由选择并搭配沙拉，甚至可以搭配非应季的蔬菜。（这种菜虽然用起来很方便，但前景并不完全乐观：近年来，市场上销售的袋装蔬菜和清洗菜偶尔引发李斯特菌病、沙门氏菌病等食源性疾病，有时需要在全国范围内召回。）

用布格麦与欧芹做的现代沙拉。

罐装和瓶装的各种有机、低脂、风味的沙拉汁，像葡萄酒一样品类繁杂，数量众多，分工明确，同时出现了各种各样的橄榄油和醋，甚至摆到了超市的货架上。各种生菜——从一开始就是沙拉的基础食材——不仅在美国、意大利和法国等意料之中的地方实现了工业化种植，而且在日本、中国、泰国和印度也实现了工业化种植。

虽然沙拉往往是餐馆餐桌上的第一道菜，但在家庭餐桌上通常是主菜、最后一道菜或倒数第二道菜。流行的美食杂志屡屡刊登专题文章，介绍配以肉、奶酪等多种食材的沙拉，它被作为完整的一餐。各种价位的沙拉厨具——沙拉碗、沙拉铲、沙拉脱水器、沙拉叉、沙拉盘，成为流行的结婚礼物。如今，甚至有专门为沙拉发声的专业协会，如英国的绿叶沙拉协会（British Leafy Salad Association）、美国的调味品协会（Association for Dressings and Sauces）。后者是一个由生产沙拉汁、蘸料、芥末酱、蛋黄酱和莎莎酱

the salad bowl
Best Foods
Best Foods
Mayonnaise
THE BEST FOODS INC

蛋黄酱广告：沙拉碗。

（salsas）的跨国生产商组成的协会。

同样流行的法式生蔬沙拉（Crudités）严格来说不是沙拉，但肯定是沙拉的近亲。这种经切、剁，加工得整整齐齐的生蔬拼盘往往要浇上或者配上油醋汁。这种生蔬拼盘不一定完全由绿色蔬菜组成，也不会拌在一起，吃的时候不用沙拉叉，而是经常被当作第一道主菜，取代真正的沙拉。这在法国和法式餐厅尤其流行。无论是在家宴还是酒席上，大盘的沙拉都会让人舒心惬意。（法式生蔬沙拉的制作历史已不可考，但说到制作简单的蔬菜沙拉——一盘只需要配沙拉汁的切段并稍作修整的生蔬菜，家庭和餐厅的厨师显然都不需要一本真正的菜谱。）

沙拉的长久生命力在很大程度上可以归功于20世纪一项会让古人惊讶不已的新观念——沙拉是健康食物。只要吃得合理，沙拉就是均衡饮食的绝佳选择。2006年，路易斯安那州立大学公共卫生学院（School of Public Health）进行了一项关于沙拉和生

小玻璃杯盛放的混合蔬菜。

鸡肝可以为蔬菜沙拉提供铁元素。

蔬菜摄入及其对数千名成年人健康的影响的研究，结论是，常吃沙拉的人的血液中往往含有大量的维生素C、维生素E以及其他营养物质，吃沙拉不仅可以帮助人们摄入超过美国官方推荐量的膳食维生素C，还是加强公众营养的有效措施。

沙拉对于20世纪和21世纪方兴未艾的一种风潮也必不可少：节食。自从纤瘦的身材成为主流审美，那些身材不够完美的人就开始控制饮食，结果便是常常挨饿。因为沙拉分量大，往往有助于缓解饥饿感。如果把沙拉放在一餐的开始——那些体重管理中心（weight-reduction spas）就是如此——就可以带来节食者渴望的饱腹感。如果沙拉最后上桌，节食者就会很高兴，因为这就可以多享用一道菜，或者将沙拉看作一道甜点。沙拉还可以为低热量的一餐提供一道清淡、营养且美味的菜——只要没有裹满调味汁，或者加入奶酪、培根和油炸面包丁等高热量配料。（在餐馆里有一个办法可以解决这个几乎不可避免的问题：从20

1986年2月，美国伊利诺伊州帕拉廷（Palatine）的绍姆贝格高中（Schaumberg High School），营养师正在准备午餐的沙拉。

世纪晚期到现在，餐馆大多要求服务员把“沙拉汁放在一边”，目的是不要让顾客吃到浸透高糖高脂沙拉汁的蔬菜。）

沙拉清淡健康，口感新鲜，食材广泛，促使厨师和烹饪书作家们天马行空，想象出形形色色的沙拉。在这个迅速发展的领域，沙拉食谱远远超出了20世纪中期简单的配菜沙拉使用的几片生菜和番茄。新涌现的菜谱有的着重于营养，有的强调创意和味道，还有的追求艺术美。日常沙拉、配菜沙拉、主菜沙拉、一年365道不同的沙拉、正宗沙拉、快速瘦身沙拉、无麸质沙拉、符合“慧俪轻体”标准或阿特金斯饮食标准（Atkins dieters）的沙拉等等，都有与之相关的烹饪书。有的书是关于所谓的沙拉节食法的，认为沙拉蔬菜提供的纤维素对在意卡路里的人很有吸引力；有的书是关于沙拉汁的，甚至还有的书专门写不放生菜的沙拉。

消费者对沙拉的喜爱让餐馆、自助餐厅，甚至快餐店都出现了非常受欢迎的“沙拉自助台”。尽管沙拉自助台在美国和英国最为流行，但是现在远至直布罗陀、布达佩斯、克拉科夫、莫斯科，甚至北京也对它青睐有加。沙拉自助台一般是一张长柜台，上面摆着盛有各种沙拉食材的容器——从绿叶蔬菜到蔬菜块儿、蔬菜丝，再到成本更高的食材，比如罐装金枪鱼、熟鸡肉块儿，还有鹰嘴豆——沙拉已经成为中等价位餐馆必不可少的菜品。

近年来，“沙拉自助台”理念已经成为高档外卖餐厅的主流，连明星连锁店也锁定了城市上班族这一目标群体，为他们提供午餐沙拉。“Just Salads”是一家在纽约、中国香港和新加坡都设有分店的连锁餐厅，出售各种沙拉、卷饼、汤、冷冻酸奶和奶昔。“Tossed”连锁店在波士顿、休斯敦和洛杉矶等美国主要城市都有分店，供应定制的沙拉和卷饼，宣称有“50种新鲜食材和自制酱料”。“Chop't”是主打沙拉的高档外卖连锁店，在纽约和华盛顿特区有多家分

提供多种食材的沙拉自助台。

Chop't是一家总部位于纽约，在其他城市也有分店的沙拉连锁店。

店，并且还在扩张。它们前长长的顾客队伍表明沙拉在消费市场的吸引力越来越大，尤其是对城市上班族的吸引力。出于对健康美食的渴望，纽约人托尼·舒尔（Tony Shure）和科林·麦凯布（Colin McCabe）在大学时期创立了Chop't，当时这种食物在很多大学校园里很少见。在一本关于“如何写商业计划书”的图书的帮助下，两人成立了在时尚都市的背景下，以新鲜食物配送为基础的沙拉外卖店。他们还在菜单上加入季节性菜品，推出了在线订购与配送、老顾客优惠方案。

一旦家庭厨师、餐厅大厨与光顾沙拉自助台的顾客发现，沙拉中的配料没有一定之规，简单沙拉和摆盘沙拉（composed salads）[①]间的历史性界限就模糊了。尽管餐厅仍然提供成分简单的什锦沙拉和蔬菜

① 一种法式沙拉，将所有食材整整齐齐地摆放在盘子里（而不是碗里），食用时在表面浇上酱汁，一般不拌。——译者注

沙拉，但是沙拉已经变成家庭和餐厅厨师呈现个人口味、放飞想象力的菜肴。沙拉还成为人们加入许多蛋白质食物（冷热都有）的平台。对于那些喜欢分子美食的人来说，不仅可以用酱汁，还可以用从超市、餐馆买来的，甚至是家里自制的蔬菜泥来解构、重新组合最新的沙拉。“无定规”理念也让人们对沙拉什么时候上桌抱有无所谓的态度：虽然沙拉往往是餐厅中的第一道菜，但在家里往往是主菜、最后一道菜或倒数第二道菜。

如今，沙拉的前景很不错。它已经成为一道受人欢迎，甚至是雷打不动的家常菜。我们都很难想象，现在还会有一家不提供各种沙拉的餐馆。谁能想到，数个世纪前只是蘸上酱，用来临时充饥的一盘蔬菜，现在却成为世界范围内的一种基本食物。沙拉还是一个重要的食物类别，体现着重视健康、偏爱本地新鲜食材的饮食文化。

Salad

A GLOBAL HISTORY

附录：知名沙拉

恺撒沙拉

恺撒沙拉是一种简单易做的老牌沙拉，但总是被瓶装沙拉酱坏了味道。恺撒沙拉的起源具有几分传奇色彩，连沃利斯·沃菲尔德·辛普森[①]（Wallis Warfield Simpson）都曾是它的拥趸。据传，1924年的一个深夜，蒂华纳餐馆的老板恺撒·卡尔迪尼（Caesar Cardini）在储藏室里翻出了罗马生菜、大蒜、面包丁、伍斯特沙司、帕玛森芝士和鳀鱼，用这些东西拼凑出了最早的恺撒沙拉“配方”。尽管这种沙拉年代久远，但仍然是世界各地的酒店、餐馆甚至咖啡店的热门选项。食客们往往可以选择鸡肉、虾或鲑鱼来代替鳀鱼，为沙拉补充蛋白质。沙拉酱是这种沙拉最大的特色。1948年，“卡尔迪尼原创恺撒沙拉酱”获得了美国

---

① 温莎公爵夫人（1896年6月19日—1986年4月24日），本名贝茜·沃利斯·辛普森（Bessie Wallis Warfield），又称辛普森夫人，是美国社交名流，她最著名的身份是英国国王爱德华八世的女友，在国王主动退位为温莎公爵后成为其夫人。——译者注

专利，不过，许多沙拉酱公司都推出了自己的瓶装酱。

主厨沙拉

主厨沙拉是一大碗绿叶菜上面堆上切成细丝的火腿、鸡肉或火鸡、瑞士干酪，有时候还要加上一个鸡蛋、牛油果片。这种沙拉在20世纪40年代、50年代和60年代的美国非常流行，其前身是17世纪的大拼盘沙拉，甚至是更久远的综合沙拉或“大沙拉”（grand sallet）。近年来，主厨沙拉已经风光不再。与考伯沙拉一样，它之所以不再像20世纪60年代那么流行，也许是因为热量极高、脂肪含量过多。具有讽刺意味的是，这些食材在大多数的现代沙拉自助台上都能见到，还有很多热量和脂肪含量都不低的食材，都有人在争相购买。

几位厨师的名字与主厨沙拉的历史有关：美国纽约州布法罗市布法罗酒店的维克托·赛杜（Victor Seydoux），曼哈顿宾夕法尼亚酒店的雅克·罗塞

(Jacques Roser)，以及20世纪40年代纽约丽思卡尔顿酒店(Ritz-Carlton)的路易·迪亚特(Louis Diat)。路易·迪亚特将这道沙拉介绍给了更广泛的顾客群体。主厨沙拉流传范围极广，许多餐馆稍作改动就推出了自己的版本，比如贝弗利山庄(Beverly Hills)的布朗德比餐厅(Brown Derby)加入了切碎的香葱，称为“贝弗利沙拉碗”(Beverly Salad Bowl)。

中国鸡肉沙拉

切丝或切丁的熟鸡胸肉、卷心菜、胡萝卜和罐装荸荠，加上酱油、烤芝麻油制成的调味汁，往往还有米醋。这道沙拉当然不是中餐，似乎起源于洛杉矶。从20世纪30年代末开始，为了提升风味与丰富口感，曾添加过辣椒酱、生姜、大蒜、炒面、橘子罐头、核桃、花生酱、青柠汁和红灯笼椒。这是一道很受欢迎的午餐菜，在美国各地随处可见。

考伯沙拉

考伯沙拉比恺撒沙拉的油脂更大，卖相非常诱人，含有生菜（一般是球生菜，现在也用罗马生菜）、牛油果丁、培根、鸡胸肉或火腿、蓝纹奶酪，有时还加入番茄和香醋沙司。

虽然这道沙拉是以洛杉矶好莱坞区布朗德比餐厅的老板罗伯特·H. 考伯（别名鲍勃·考伯）的名字命名的，但有关它的诞生年代却说法不一。有人说是1929年，但鲍勃·考伯的遗孀萨莉·赖特·考伯（Sally Wright Cobb）和马克·威廉斯（Mark Willems）合著的《布朗德比餐厅》（*The Brown Derby Restaurant*）一书说是1937年。据该书记载，考伯在一天深夜用冰箱里剩下的东西和培根做出了这道沙拉。书中说，考伯沙拉里还有水田芥、菊苣、香葱碎、煮得老的鸡蛋、磨碎的罗克福奶酪（Roquefort Cheese），再加上布朗德比餐厅老式的法式调味汁。考伯沙拉一般与餐厅里的黑麦芝士粗面包一起上桌。那是一种像纸一样薄，涂着黄油的黑麦吐司片。撒上帕玛森芝士，将它放在烤架（或其他烘烤用具）上烤。

经典的考伯沙拉有着一如既往的美味，但热量和脂肪含量毫无疑问也很高。虽然人们仍在吃这款沙拉，但现在的厨师通常会制作一种清淡的、更为现代的版本。

凉拌卷心菜沙拉

凉拌卷心菜沙拉的起源是荷兰的卷心菜沙拉（荷兰语koolsl或koolsalade），实质上是卷心菜丝配上蛋黄酱、酪乳或香醋沙司。这种沙拉历史悠久。调味汁和另加的食材往往根据地区有所不同，有的地方用奶油酱，有的地方会放很多醋。这款沙拉主要用淡绿色的卷心菜，但也可以用紫甘蓝代替。常见的调味料是芹菜籽和醋。凉拌卷心菜沙拉通常是三明治、汉堡、烧烤或炸鸡的配菜，但也可以夹在多层三明治里吃，尤其适合熏牛肉三明治和咸牛肉三明治。很多超市都有预先切好的装袋卷心菜沙拉蔬菜（卷心菜、西蓝花与其他根茎类蔬菜）。凉拌卷心菜沙拉也许是美国最常见的沙拉了。

松软干酪水果沙拉

这道经典的减肥餐严格来说并不是沙拉，但经常在菜单上与沙拉列在一起。不过，这道菜肴是沙拉还是减肥餐，完全取决于松软干酪和水果的分量与种类。另外，适量的香脂醋会起到画龙点睛的作用。女性往往（或被认为）更喜欢这道沙拉。

希腊沙拉

最初的希腊沙拉中可能没有生菜，现在各地的希腊沙拉都是用大块的番茄、黄瓜、羊乳酪、橄榄和牛至粉（后两者的产地最好是希腊）做的，之后配上油和醋。希腊沙拉也有一些不同的做法，通常是因为弄不到传统食材。例如，塞浦路斯沙拉（Cypriot salad）

与希腊沙拉很相似，区别只是前者使用当地食材，有时候还会加上切成细丝的卷心菜和（或）生菜。与尼斯沙拉、考伯沙拉和恺撒沙拉一样，希腊沙拉最初出现在本国人开的餐馆里，现在成为传统美式餐厅（diners）的常见菜品。

卡普雷塞沙拉

卡普雷塞沙拉（Insalata Caprese）是一道那不勒斯美食，用顶级成熟的番茄片和新鲜的马苏里拉奶酪层层相间，用橄榄油、盐和新鲜罗勒叶调味。卡普雷塞沙拉可以用作餐前的开胃菜，也可以作为一道午餐主菜。

以色列沙拉

番茄、黄瓜、洋葱、欧芹切碎，浇上柠檬汁和橄榄油，有时候再放上大蒜或薄荷叶。有的学者认为，这款沙拉实际上是阿拉伯沙拉。不过，这款沙拉在整个地中海东部和阿拉伯世界，以及全世界这种菜系的餐馆都有供应。虽然这道沙拉在菜单上可以单点，但往往也是自助餐的一部分，或是清淡食品的佐菜。

泰式肉碎沙拉

泰式肉碎沙拉（Larb）是泰国北部和老挝的一种辣味沙拉，用切碎的鸡肉（或猪肉、牛肉）和烤米饭搭配生菜叶，当作凉菜食用。将肉碎用生菜叶包裹，蘸着用鱼露、磨碎的青柠皮或泰国青柠叶制成的调味汁吃，有时候调味汁中还有蜂蜜、青葱、干辣椒或一小根泰椒、新鲜薄荷和香菜。这种裹起来的沙拉是凉凉后吃的，一般是第一道菜。

生菜番茄沙拉

从19世纪末到20世纪50年代，基础的生菜番茄沙拉可能是最常见的美国沙拉。范妮·法默在1896年出版的《波士顿烹饪学校烹饪书》中说，这道沙拉也可以用蛋黄酱美化一番。不管是作为第一道菜还是配菜，不管是在普通餐馆还是家庭餐桌上，它都毫不起眼。在番茄种植工业化之前，这道沙拉可能还相当美味。农夫市场在20世纪后期再度流行后，现在各种新鲜生菜和番茄都可以做成味道不错的沙拉。

托斯卡纳面包沙拉

托斯卡纳面包沙拉由不新鲜的面包（最初使用的是每周吃剩的烤面包）、成熟番茄、罗勒、优质橄榄油和醋调拌而成。其出现的确切时间往往已无法稽考。据说，在还没有番茄的时候，意大利就出现了早期版本的面包沙拉。后来，从新大陆传入的番茄让这款沙拉发生了巨大改变。如今，愈加挑剔的厨师只选用优质的成熟番茄。先前的食谱要求把面包先浸在水里，然后挤干水分，但现在的很多食谱跳过这一步，将所有食材放在一起搅拌来湿润面包。尽管背离了传统做法，但现代食谱偶尔还会用到红洋葱、大蒜，甚至是芹菜或黄瓜。人们发现，托斯卡纳沙拉的颜色（红色、白色和绿色）正好与意大利国旗颜色相一致。

里昂沙拉

里昂沙拉是一道传统的法国菜。据说，17世纪和18世纪里昂的纺纱工人爱吃这款沙拉。这款沙拉里有蔬菜（通常是菊苣）、热培根块儿、煮至半熟的鸡蛋，偶尔还有鳀鱼，再浇上油醋汁。里昂沙拉现在一般是开胃菜，但分量很足，可以当主菜吃——它最初就是主菜。美国人很喜欢这道美味饱腹的沙拉，可能是因为他们熟悉其中的培根鸡蛋组合。

尼斯沙拉

尼斯沙拉是一道深受食客喜爱的国际美食，名字源自法国南部城市尼斯。尼斯沙拉的起源尚不清楚——一些历史记载甚至追溯到1533年凯瑟琳·德·美第奇（Catherine de' Medici）嫁给后来的国王亨利二世（Henri II）时带到法国的厨师。不过，20世纪和21世纪流行的尼斯沙拉一般用盘子盛，而不是用碗，其成分是煮熟的青豆、（最好是油浸的）罐装金枪鱼、煮得很老的鸡蛋、番茄、橄榄，有时还有鳀鱼，再配上香醋沙司。现代的餐厅往往用新鲜的金枪鱼代替罐装金枪鱼，但“死忠粉”们更喜欢用罐装的。尼斯沙拉是世界上最受欢迎的主菜沙拉之一。

塔布勒沙拉

塔布勒沙拉（Tabbouleh）起源于黎凡特阿拉伯地区，尤其是叙利亚和黎巴嫩的山区，其传统成分是布格麦、欧芹碎、番茄、黄瓜、薄荷、洋葱、橄榄油和柠檬汁。塔布勒沙拉很容易做，一般作为开胃菜上桌，在世界范围内也很受欢迎。

华尔道夫沙拉

华尔道夫沙拉（Waldorf Salad）的做法是将苹果和芹菜切块，加入蛋黄酱拌匀，用生菜做基底，最后撒入核桃碎。该款沙拉诞生于世纪之交，一般认为它是奥斯卡·奇尔基（Oscar Tschirky）发明的。他是一位精干敏捷的餐厅领班，曾经在一场1500位宾客的宴会上端上这道菜。后来，他将这道菜收录在他所著的《华尔道夫酒店奥斯卡的烹饪书》（*The Cookbook by Oscar of the Waldorf*, 1896年）中。华尔道夫沙拉显然具有持久的魅力。在音乐喜剧《万事皆可》（*Anything Goes*）插曲《至高无上的你》（*You're the Top*）的歌词里，科尔·波特（Cole Porter）赞许道："你至高无上，就像华尔道夫沙拉。你无人能及，如同柏林叙事曲。"21世纪，华尔道夫沙拉可以和其他沙拉一起作为配菜，也可以单独作为一道配菜。

楔形沙拉

一大块（或切成楔形的）球生菜，倒上大量的蓝纹奶酪沙拉酱，这就是楔形沙拉（Wedge Salad）。这种沙拉在美国的牛排餐厅中很常见。基础版本的楔形沙拉热量就很高，如果再加上蓝纹奶酪碎、小培根块儿或番茄丁，热量就更可观了。楔形沙拉是美国人倾注了很多情感的美食，见多识广的食客也对它偏爱有加。

Salad

A GLOBAL HISTORY

食　谱

虽然本书中的食谱详细列出了食材的大小和用量，但沙拉本身的特点决定了这些食谱必然有一定程度的灵活性。一棵罗马生菜很难与另一棵完全一样大，柠檬的酸度也各不相同，夏天成熟的番茄比温室种出来的更好吃。就连基本的醋和油，味道和口感也千差万别。希望厨师根据自己的喜好作适当的调整。

历史上的知名食谱

什锦沙拉

普拉蒂纳，约1473—1475年

什锦沙拉是将生菜、牛舌草、薄荷、猫薄荷、茴香球茎、欧芹、水田芥、牛至粉、细叶芹、菊苣和蒲公英嫩叶（医生称之为taraxacum、arnoclossa）、龙葵果、茴香花和其他各种带香味的药草，洗净沥干，都放在大盘子里，加入大量盐调味。倒入油，在上面洒上醋，然后让沙拉浸软一会儿。由于香草较为粗粝，吃的时候一定要细嚼慢咽。

美味的什锦沙拉

贾科莫·卡斯泰尔韦特罗，16世纪晚期

在春天吃的所有沙拉中，接下来要讲的什锦沙拉是最著名和最受欢迎的。它是这样做的：取嫩薄荷、旱金莲、罗勒、小地榆、龙蒿叶，取琉璃苣的花和最嫩的叶子、星辰草（“鹿角车前草”）的花、茴香的嫩芽、芝麻菜和酸模或柠檬薄荷的叶子、迷迭香的花、某种香堇菜，还有生菜芯最嫩的叶子。将这些金贵的食材择干净，在水中清洗几遍，用干净的亚麻布稍微擦干，然后照例放油、盐和醋。

诗意的沙拉

悉尼·史密斯，19世纪早期

牧师悉尼·史密斯生于1771年，卒于1845年。诗中的食谱有两个版本，以下是由约翰·廷布斯（John Timbs）记录的版本。廷布斯是19世纪的英国作家、古文物研究者。

两个大土豆蒸熟，从厨房筛子中压过去，

让沙拉有一种少见的细腻美妙；

酸芥末加一勺就好，

小心这霸道的辛辣调料。

不要以为你自己犯了错，闲不住的人，

盐得加两勺；

卢卡皇冠橄榄油倒上三勺，

镇上买的醋也来一勺。

真正的美味需要，你的诗人恳求不要忘，

加两个捣碎的熟鸡蛋黄。

让洋葱碎隐没在碗中，

这种不易觉察的东西让整道菜增光，

在花式搅拌之前，

最后加一汤匙神奇的鳀鱼酱。

绿海龟不好吃，鹿肉嚼不烂，

火腿和火鸡也都差得远，

美食家吃完却放豪言——

命运能奈我何，今天我已享美餐。

制作大拼盘沙拉

汉娜·格拉斯，《简明烹饪艺术》，1747年

两三棵罗马生菜或卷心生菜（Cabbage Lettice），洗净后用布彻底擦干；十字刀切成细丝，放在盘子底部铺约一英寸厚。取置冷的烤小母鸡或雏鸡，将鸡胸肉和鸡翅切成三英寸长、四分之一英寸宽、一先令那么薄的薄片；将肉条放在生菜上，从盘中央辐射状向外铺开；再将6条鳀鱼去骨，每条切成8块，交替放在肉条之间。把鸡腿上的瘦肉切丁，把一个柠檬切成小块儿。然后把4个煮好的鸡蛋黄、三四条鳀鱼和少许欧芹切碎，在盘中央堆成圆锥状，用几个蛋黄大的葱头装饰一下。葱头都要在开水中煮过，煮至嫩白。将最大的葱头放在大拼盘中间顶部，其他葱头围放在盘边，尽量放得厚一些；色拉油、醋、盐和胡椒粉充分拌匀，浇在上面。用刚烫过的葡萄、焯过水的四季豆或旱金莲花装饰，就可以上桌作为第一道菜了。

现代配方

基础香醋沙司

- 一杯橄榄油（225毫升）
- ¼~⅓杯醋（55~75毫升）
- 盐和胡椒粉调味
- 如果需要的话，再加两茶匙第戎芥末

将盐、胡椒粉、芥末（如果使用的话）和醋在一个小碗里混合，搅拌均匀。缓缓加入橄榄油，同时搅拌，直到拌匀。

主厨沙拉

食物历史学家对于主厨沙拉的起源看法不一，将它的发明归功于20世纪40年代纽约或加利福尼亚数家知名酒店的厨师。主厨沙拉一般是主菜。

- 300~400克洗净晾干的沙拉蔬菜，红叶生菜或者多种蔬菜的组合均可
- 4盎司（100克）瑞士奶酪，切成细条
- 4盎司（100克）烤火腿，切成细条
- 4盎司（100克）煮熟的鸡肉或火鸡胸肉
- 2个剥皮切片的全熟蛋
- 1个熟牛油果，切成½英寸（3厘米）见方的小块儿
- 1杯圣女果，一切两半
- 1杯香醋沙司（做法见上一食谱）

将沙拉蔬菜放入一个大碗，加入上述配料搅拌，在上桌前缓缓倒入香醋沙司，注意不要过度调味。

可供4~6人食用

考伯沙拉

1937年，洛杉矶布朗德比餐厅的老板罗伯特·考伯发明了这道经典的美式沙拉。考伯沙拉一般是一道主菜。

沙拉：

· 一棵球生菜或罗马生菜，洗净晾干后切成1~2英寸（3~5厘米）粗的丝
· 半束水田芥，切为粗粒
· 一块去骨去皮的熟鸡胸肉，切成入口大小的小块儿
· 2盎司（50克）蓝纹奶酪磨碎
· 1个熟牛油果，切成½~1英寸（1~2厘米）的块儿
· 3~4个中等大小的番茄，去皮去籽儿，切成1英寸（3厘米）的块儿
· 6条熟培根切碎

沙拉汁：

· 4汤匙优质橄榄油（可用菜籽油代替）

- 1汤匙优质醋
- 2~3茶匙柠檬汁
- 1茶匙第戎芥末
- 盐和胡椒粉调味

将调味料都放进小碗，搅拌均匀。在大碗中将生菜和水田芥混合均匀，倒在更大的盘子中。将鸡胸肉、蓝纹奶酪、培根、番茄和牛油果整齐地排放在沙拉蔬菜上。将调味汁浇在沙拉上。

可供4人吃的主菜

华尔道夫沙拉

沙拉：

- 一棵波士顿生菜或罗马生菜
- 3个中等大小的苹果洗净去皮，去核切丁
- 2~3根洗净的芹菜茎，切成½英寸（1厘米）的小块儿，大致与苹果等量
- 50~60克烤核桃碎
- 40克葡萄干

沙拉汁：

- 110~150毫升优质蛋黄酱，最好是手工制作
- 柠檬汁调味
- 盐和胡椒粉调味

准备调味汁时，将蛋黄酱和柠檬汁在大碗中拌匀。在另一个碗中，将苹果、芹菜和葡萄干搅混，加入少许柠檬汁、盐和胡椒粉。倒入调味汁翻拌均匀。

上桌前，将核桃碎拌进沙拉。在大浅盘或单独的沙拉盘中放些生菜叶，将沙拉盛放到生菜叶上即可。

亚洲白菜沙拉

一道清爽的沙拉，与亚洲和非亚洲的食物都可以搭配得很好。

沙拉汁：

- 1杯（225毫升）米醋
- ¼杯（35毫升）植物油
- 2汤匙香油
- 1~2汤匙糖
- 1汤匙姜末
- 盐和胡椒粉调味

沙拉：

- 6杯（450克）切碎的大白菜叶
- ¼杯（30克）新鲜香菜碎（香菜叶）

将沙拉汁搅拌均匀，倒在白菜上。加入香菜叶拌匀。

希腊沙拉

沙拉：

- 一棵罗马生菜，洗净沥干水分，切或撕成入口大小的小块儿
- 1个红洋葱切成薄片
- 3个李子形番茄切丁
- 1个不去皮的小黄瓜切成大块儿
- ½杯（100克）黑橄榄，去籽儿切成厚片［卡拉马塔橄榄（Kalamata）最佳］
- 2个红辣椒或青椒，去籽儿切成小块儿
- 1~2杯（150~300克）樱桃番茄或圣女果，对半切开
- ½汤匙干牛至粉
- 1瓣大蒜，捣碎或者切成小块儿
- ¼~½杯（50~100克）羊奶干酪，磨碎或切成入口大小的块儿

沙拉汁：

- 3汤匙特级初榨橄榄油
- 1汤匙柠檬汁或红酒醋，两者混合也可
- 一两瓣大蒜剁碎，按需添加
- ½茶匙干牛至粉
- 盐和胡椒粉调味

调沙拉汁时，将醋、盐、胡椒粉、大蒜和牛至粉在小碗里调匀。一边缓缓倒入油，一边搅拌至完全融合。完成后放在一边备用。

在大碗中，将除羊奶干酪之外的沙拉食材放在一起，倒入沙拉汁拌匀。再加入羊奶干酪，轻柔拌匀。

可供4人吃的主菜

斯堪的纳维亚黄瓜沙拉

一道清爽的配菜沙拉。

沙拉：

- 3根大黄瓜
- 1汤匙新鲜的莳萝碎

沙拉汁：

- ⅓杯白葡萄酒醋
- 2汤匙苹果醋
- 1汤匙糖
- 2汤匙水

将醋、糖和水混合，搅拌至糖溶解，备用。

黄瓜纵向切开，挖去籽儿，切成薄片。加盐静置1小时，轻轻挤出水分并擦干。

把黄瓜片放在大碗里，倒入混合的料汁，再换到一个大盘子或碗里，撒上莳萝碎。

可供4人吃

牛油果洋葱番茄沙拉

一道没有绿色蔬菜的沙拉。

- 2个牛油果，去皮切成入口大小的小块儿
- ½个中等大小的红洋葱
- 4个新鲜番茄，竖着切成两半，切片
- 1茶匙干牛至粉或1汤匙新鲜牛至碎
- ¾杯（165毫升）优质橄榄油
- ¼杯（55毫升）红酒醋

将切好的番茄片放在一个大盘子或大浅盘中，淋上橄榄油和醋，撒上牛至粉、盐和胡椒粉。盖起来，在冰箱外放置1个小时。

将剩下的油和醋拌至融合。将所有食材放进大碗，浇上调味汁，再加盐和胡椒粉调味。如果用新鲜牛至碎的话，撒在最上面。

可供2~4人吃

黄瓜丝莱塔沙拉

一道印度配菜沙拉，可替代传统沙拉。

- 2根黄瓜，削皮切丝
- 2杯希腊酸奶
- 1汤匙新鲜薄荷碎
- ½茶匙白糖
- 盐和白胡椒粉调味

将酸奶倒进一个大碗，加入糖、盐和胡椒粉，在冰箱里放置1~2个小时。放入黄瓜丝，轻轻拌匀。上桌前撒上薄荷碎点缀。

可供4人吃的配菜

越南鸡丝沙拉

这道主菜沙拉非常容易做。

沙拉：

- 1只从商店买来的烤鸡
- 4杯（300克）白菜丝
- 1个红灯笼椒，去籽儿切成入口大小的小块儿
- ½杯（60克）新鲜薄荷碎
- ¼杯（30克）新鲜香菜碎（香菜叶）
- ½杯（70克）花生碎

沙拉汁：

- ¼杯（35毫升）新鲜青柠汁
- 3汤匙植物油
- 2瓣蒜切成末
- 2汤匙糖
- 2汤匙亚洲鱼露

将烤鸡去皮切丝，大概两杯的量。在一个大碗里，把白菜和红灯笼椒拌匀。在小碗里调匀沙拉汁，倒在鸡丝上，加入白菜和红灯笼椒拌匀。在小碗里把薄荷碎和香菜碎拌匀，撒在上面，再撒上花生碎。

可供4人吃

参考文献

Albala, Ken, *The Banquet: Dining in the Great Courts of Late Renaissance Europe* (Urbana and Chicago, IL, 2007)

—, *Cooking in Europe, 1256–1650* (Westport, CT, and London, 2006)

—, *Eating Right in the Renaissance* (Berkeley, Los Angeles and London, 2002)

Bothwell, Don and Patricia, *Food in Antiquity* (London, 1969)

Capatti, Alberto, and Massimo Montanari, *Italian Cuisine: A Cultural History* (New York, 2003)

Caskey, Liz, *South American Cooking* (Guilford, CT, 2010)

Dalby, Andrew, *Food in the Ancient World from A to Z* (London and New York, 2003)

Ewing, Mrs Emma P., *Salad and Salad Making* (Chicago, IL, 1884)

Flandrin, Jean-Louis, *Arranging the Meal: A History of Table Service in France* (Berkeley, Los Angeles and London, 2007)

Glasse, Hannah, *The Art of Cookery Made Plain and Easy* (Carlisle, MA, 1998)

Grainger, Sally, and Christopher Grocock, *Apicius: A Critical Edition* (Totnes, 2006)

Grant, Mark, *Galen: On Food and Diet* (London and New York, 2000)

Guy, Christian, *An Illustrated History of French Cuisine*, trans. Elisabeth Abbott (New York, 1962)

Hulse, Olive M., *200 Recipes for Making Salads with Thirty Recipes for Dressing and Sauces* (Chicago, IL, 1910)

Ilkin, Nur, and Sheila Kaufman, *The Turkish Cookbook* (Northampton, 2010)

Maestro Martino of Como, *The Art of Cooking*, trans. and annot. Jeremy Parzen, ed. and intro. Luigi Ballerini (Berkeley and Los Angeles, CA, 2005)

Markham, Gervase, *The English Housewife* (Kingston and Montreal, 1986)

Marton, Beryl M., *The Complete Book of Salads* (New York,

1969)
Massonio, Salvatore, *Archidipno, overo Dell'insalate, e dell'uso di essa* (Venice, 1627)
May, Robert, *The Accomplisht Cook; or, The Art and Mystery of Cookery* (London, 1994)
Milham, Mary Ella, *Platina, On Right Pleasure and Good Health* (Tempe, AZ, 1998)
Miller, Gloria Bley, *The Thousand Recipe Chinese Cookbook* (New York, 1966)
Peterson, T. Sarah, *Acquired Taste: The French Origins of Modern Cooking* (Ithaca, NY, and London, 1994)
Rebora, Giovanni, trans. Albert Sonnenfeld, *Culture of the Fork* (New York, 1998)
Revel, Jean-Fran.ois, *Culture and Cuisine: A Journey Through the History of Food* (New York, 1982)
Roden, Claudia, *The Food of Spain* (New York, 2011)
Rombauer, Irma S., *The Joy of Cooking* (New York, 1936)
Salads, including Appetizers: Favorite Recipes of Home Economics Teachers (Montgomery, AL, 1964), with acknowledgments to the American Dairy Association, Knox Gelatin, Inc., Kroger; Sunkist Growers, the usda,

Wesson Oil and Snowdrift People
Schlesinger, Chris, and John Willoughby, *Lettuce in Your Kitchen* (New York, 1996)
Scully, Terence, *The Art of Cookery in the Middle Ages* (Woodbridge, Suffolk, 1995)
—, *La Varenne's Cookery: François Pierre, Sieur de La Varenne* (Totnes, 2006)
—, *The Opera of Bartolomeo Scappi* [1570] (Toronto, Buffalo and London, 2008)
Shapiro, Laura, *Perfection Salad* (New York, 1986)
Shimizu, Shinko, *New Salads: Quick Healthy Recipes from Japan* (Tokyo, New York and San Francisco, 1986)
Toussaint-Samat, Maguelonne, *A History of Food*, trans. Anthea Bell (Oxford, 1992)
Tsuji, Shizuo, *Japanese Cooking: A Simple Art* (Tokyo, 1980)
Ude, Louis Eustache, *The French Cook* [1828] (New York, 1978)
Vehling, Joseph Dommers, *Apicius: Cooking and Dining in Imperial Rome* (New York, 1977)
Volokh, Anne, *The Art of Russian Cooking* (New York,

1983)

Weaver, William Woys, trans. and ed., *Sauer's Herbal Cures: America's First Book of Botanic Healing* (New York and London, 2001)

Wells, Patricia, *Salad as a Meal* (New York, 2011)

Wheaton, Barbara Ketcham, *Savoring the Past: The French Kitchen and Table from 1300 to 1789* (New York, 1983)

致　谢

首先感谢出版社Reaktion Books和出版人迈克尔·R.利曼（Michael R. Leaman），推出了这套无与伦比的食物历史系列丛书。还要感谢迈克尔在Reaktion的优秀团队，以及这套丛书杰出的编辑安德鲁·F. 史密斯（Andrew F. Smith）。

在答应写这本书时，我未曾想过，虽然有关沙拉的烹饪书有很多，但沙拉的历史仍是一个相对较新的主题。不过，盖伦在公元2世纪撰写的著作《论食物的力量》中，描述了当时的多种食物及其食用方式和时间。因此，我不仅要感谢盖伦，还要感谢历史学家马克·格兰特（Mark Grant）。他通俗的说明文字和对盖伦作品流畅的英文译本，让盖伦的作品明白易懂。

关于研究这一主题所需的大部分其他材料，我特别要感谢纽约公共图书馆，图书馆允许我把找到的所有参考书都放在沃特海姆阅览室（Wertheim Study）。边阅读边做笔记是一回事，能够长时间随时查阅需要的书是另一回事。还要感谢食物史方面的同事劳拉·夏皮罗（Laura Shapiro）、安妮·门德尔森（Anne Mendelson）和艾琳·沙克斯（Irene Sacks）。我还要感谢我的朋友们，他们对沙拉历史的好奇心让我惊叹；感谢我的孩子，克莱尔·温劳布（Claire Weinraub）和杰西·温劳布（Jesse Weinraub），他们虽然从来没怎么关注过沙拉的历史，但耐心地倾听我的发现，甚至还对这些内容产生了兴趣。